Was fehlt denn meinem Hund?

DR. MED. VET. JOCHEN BECKER

Was fehlt denn meinem Hund?

Vorsorge, Erste Hilfe, Behandlung

Was Sie in diesem Buch finden

Der gesunde Hund

Der beste Weg zu erkennen, ob ein Hund krank ist, ist der Blick auf den gesunden Hund. Die meisten Hundebesitzer würden es sicher folgendermaßen oder ähnlich beschreiben: »Na ja, ein gesunder Hund frisst gut, spielt viel, hat eine kalte und feuchte Nase und glänzendes Fell.« Leider reicht es jedoch nicht immer aus, den vierbeinigen Freund nur in seinem Fress- und Spielverhalten zu beobachten, auch wenn dies für die meisten Menschen sicher das offensichtlichste Anzeichen ist.

Grundsätzliches zum Hund

Hunde sind von ihrer Natur her eher Flucht-
tiere, die zum Teil eine sehr hohe Schmerz-
schwelle und einen oftmals extremen Fresstrieb haben. So kann es durchaus sein, dass
ein Hund mit einer fieberhaften Erkrankung
dennoch gut frisst und selbst ein Hund mit
Schmerzen noch ausgiebig tobt. Auch die
feuchte und kalte Nase ist kein zuverlässiges
Anzeichen für die Gesundheit des Hundes –
hier handelt es sich leider um einen uralten Irr-
glauben. Die Nase kann feucht und kühl sein,
weil der Hund sich gerade darübergeleckt hat,
sie kann aber auch warm und trocken sein,
weil er gerade in der Sonne geschlafen hat.
Dies hilft uns folglich nicht weiter. Gehen wir
es also besser pragmatisch an:

Physiologische Werte

Um den Gesundheits- oder eben den Krank-
heitszustand unseres Hundes auch als Laie
grundlegend und möglichst fachgerecht
beurteilen zu können, brauchen wir objekti-
vierbare Befunde. Dazu zählen als erste
Anhaltspunkte die Körpertemperatur, die
Pulsfrequenz, die Atemfrequenz und die Beurteilung der sichtbaren Schleimhäute.

Körpertemperatur

Die Körpertemperatur eines gesunden Hundes beträgt zwischen 38,0 und 39,0 °C. Im
Stress oder bei besonders hohen Außentem-

peraturen kann die Temperatur durchaus
auch einmal auf 39,2 °C ansteigen. Insofern
spricht man erst ab 39,3 °C von Fieber. Bei
sehr jungen Tieren kann die Körpertemperatur auch durchaus einmal bis zu 39,5 °C erreichen, ohne dass dies sofort als Fieber und
somit als Krankheit angesehen werden muss.
Machen Sie sich also nicht gleich Sorgen,
wenn Ihr Junghund kurzfristig eine höhere
Körpertemperatur hat.

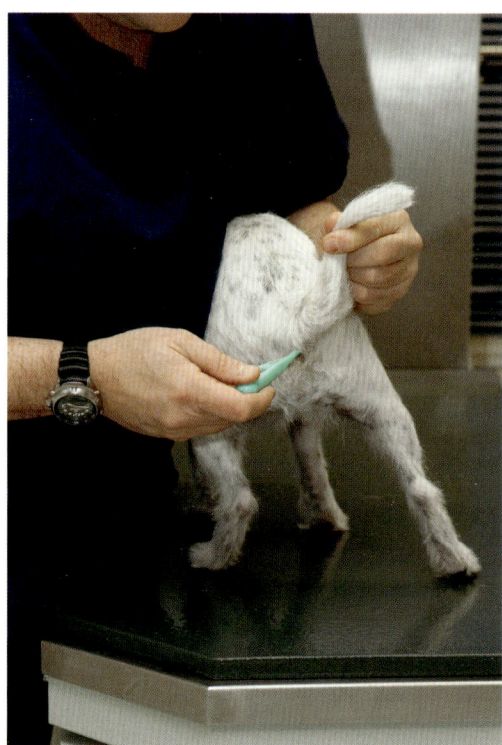

Auch beim Hund wird die Körpertemperatur
im After gemessen. Hilfreich ist hierbei die
Verwendung eines digitalen Thermemeters.

Wie misst man nun die Temperatur? Natürlich weder im Maulinneren noch unter der Achsel – beim Hund wird die Temperatur ausschließlich rektal gemessen. Dazu wird die Rute ein wenig angehoben und das Thermometer ein paar Zentimeter in den After geschoben. Achten Sie bitte unbedingt darauf, das Thermometer wirklich so weit hineinzuschieben – nur so bekommen Sie ein verlässliches Messergbnis.

Manchen Hunden ist das Einführen des Thermometers etwas unangenehm. In diesem Fall können Sie sich helfen, indem Sie das Thermometer vorher mit ein wenig Vaseline bestreichen, um dem Hund die Prozedur etwas zu erleichtern und um Verletzungen im Bereich des Afters vorzubeugen. Optimal geeignet sind die heute auf dem Markt erhältlichen Kleintierthermometer, die an ihrer Spitze sehr klein und häufig ein wenig flexibel sind. Wichtig bei der Messung ist es, dass Sie relativ schnell vorgehen, denn die meisten Hunde dulden das Fieberthermometer nur recht unwillig. Gegebenenfalls sollten Sie den Hund während der Messung durch eine Hilfsperson festhalten lassen, um Abwehrbewegungen zu vermeiden, die dem Tier nur unnötige Schmerzen bereiten und das Fiebermessen zu einer unangenehmen Erfahrung machen, an die er sich sicher beim nächsten Mal erinnern wird.

Von den früher gebräuchlichen Quecksilberglasthermometern ist unbedingt abzuraten – sollte der Hund sich gegen das Thermometer wehren oder es Ihnen herunterfallen, kann es zu einem Austritt des giftigen Quecksilbertropfens kommen, der für Mensch und Hund gleichermaßen gefährlich sein kann. Zudem dauert die Messung bei diesen Thermometern viel zu lange und wird somit zur Tortur für den nicht besonders geduldigen Hund. Auch die Anwendung von Ohrthermometern ist beim Hund nicht sinnvoll, da die Messergebnisse nicht der realen Temperatur entsprechen und sehr stark von der momentanen Durchblutung des Ohres abhängen. Sie sind daher nicht repräsentativ für die Körperinnentemperatur des Hundes.

Pulsfrequenz

Ähnlich wie beim Menschen ist auch beim Hund die Pulsfrequenz ein wichtiges Erkennungsmerkmal für ein gesundes oder krankes Tier. Leider gibt es bei der Pulsfrequenz im Gegensatz zur Körpertemperatur keinen festen Wert, den man für einen Hund so einfach festsetzen kann. Die Pulsfrequenz ist stark abhängig sowohl vom momentanen Stresszustand des Tieres als auch von seiner Größe. So kann die Pulsfrequenz bei kleinen Hunden durchaus bei 160 Schlägen pro Minute liegen, während sie sich beim großen Hund eher um einen Wert von um die 60 bewegen wird. Zudem gibt es beim Hund eine atmungsabhängige Herztätigkeit, sodass die Pulsfrequenz beim Einatmen aufgrund der dabei stattfindenden Brustkorberweiterung schneller und beim Ausatmen wegen der Brustkorbverkleinerung langsamer werden kann. Machen Sie sich aber keine Sorgen – diese Frequenzänderung ist keine Rhythmusstörung und verschwindet vollständig ab einer Frequenz von 120 Schlägen pro Minute. Erst

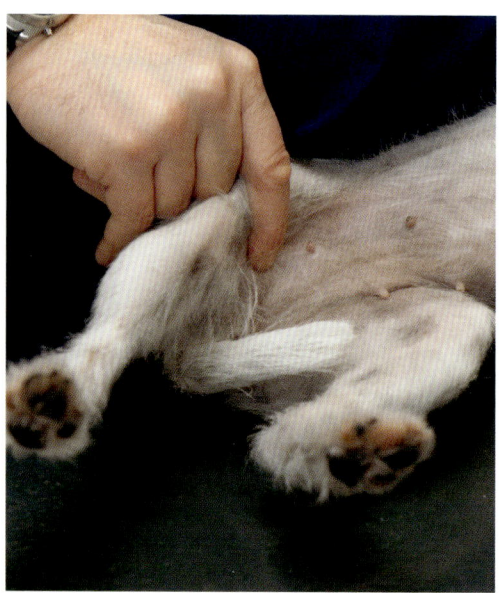

Der Puls des Hundes wird am Innenschenkel gemessen.

dann, wenn Frequenzrhythmusabweichungen von einem regelmäßigen Rhythmus ab einer Pulsfrequenz größer als 120 Schläge pro Minute festgestellt werden, kann man sie als Arrhythmie bezeichnen – das wäre dann ein krankhafter Befund.

Den Puls Ihres Hundes messen Sie am besten am inneren Hinterbein. Dazu umgreifen Sie mit der rechten Hand das rechte Hinterbein oder aber mit der linken Hand das linke Hinterbein. Am einfachsten geht dies, wenn Sie von vorne greifen und Ihre Finger etwa mittig des Oberschenkels, direkt auf Höhe des Knochens auflegen und leicht auf die dort liegende Haut drücken. Mit ein wenig Übung findet man leicht die dort pulsierende Arterie und zählt dann den Puls unter Zuhilfenahme

einer Uhr. Zählen Sie einfach 15 Sekunden lang und nehmen Sie diesen Wert mal vier. Um beurteilen zu können, ab wann der Pulsschlag auf eine Krankheit hinweist, sollten Sie natürlich den Ruhepuls Ihres gesunden Hundes kennen. Nutzen Sie also die Gelegenheit und üben Sie das Pulsmessen einige Male, und notieren Sie sich auch gleich den Pulsschlag.

Neben dem Wert an sich können Sie zugleich – ähnlich wie beim Menschen – natürlich auch die Qualität des Pulses gut beurteilen. Unter normalen Umständen, also bei einem gesunden Hund, werden Sie einen kräftigen Pulsschlag spüren, während ein kranker Hund womöglich einen eher flachen, weniger gut fühlbaren Puls hat. Genau wie bei der Beurteilung der Pulszahl ist es auch bei der Qualität des Pulses wichtig, dass man hin und wieder beim gesunden Hund die Art des Pulsschlags bewertet, um sich im entscheidenden Fall ein Bild machen zu können, ob etwa die Intensität verändert ist oder ob sie bei diesem speziellen Hund eher als normal zu bewerten ist.

Übrigens ist die Pulsfrequenzzählung genau wie die Atemfrequenzzählung auch sehr gut geeignet für die Überprüfung der sportlichen Leistungsfähigkeit Ihres Hundes – ganz ähnlich wie beim Menschen.

Atemfrequenz

Wenn Sie den Puls Ihres Hundes kontrolliert haben, sollten Sie sich als Nächstes einen Eindruck von seiner Atemfrequenz verschaffen. Verwechseln Sie hierbei aber nicht das

Hecheln des Hundes, das nur dem Ausgleich des Wärmehaushalts dient, mit der normalen Atemfrequenz. Auch hier gibt es einen recht einfachen Weg: Beobachten Sie die Bewegungen des Brustkorbes Ihres Hundes und zählen dabei die einzelnen Atemzüge. Auch hier ist es sinnvoll, sich schon einmal beim gesunden Hund einen Eindruck zu verschaffen, mit welcher Frequenz er atmet, und sich dies dann zum Beispiel auf einem Block zu notieren, bevor es in der Hektik zu einer Fehlinterpretationen der Ergebnisse beim kranken Hund kommt.

Beurteilung der sichtbaren Schleimhäute

Der letzte wichtige Anhaltspunkt für die Beurteilung des Gesundheitszustandes eines Hundes ist die Betrachtung der sichtbaren Schleimhäute, und auch das können Sie selbst, und zwar anhand der Bindehäute des Augenlids und der Maulschleimhaut. Ziehen Sie dazu das Unterlid des Hundes einfach mit einem Finger nach unten und schauen Sie sich die Schleimhaut an. Ist der Hund gesund, so soll sie »frischrosa« aussehen, wie der Tierarzt sagt. Ziehen Sie aber die Lider hierbei nicht zu lange nach unten, denn sonst kommt es möglicherweise durch die entstehende Kompression zu einer veränderten Bindehautfärbung. Ein kurzer Blick auf die Schleimhaut muss genügen, um sich ein Urteil zu bilden. Alternativ zur Lidbindehaut können Sie die Maulhöhlenschleimhaut zur Beurteilung heranziehen. Jedoch gibt es einige Hunde, die eine so stark dunkel pigmentierte Maul-

höhlenschleimhaut haben, dass keine Beurteilung möglich ist. Bei Hunden mit rosa Schleimhaut bietet sich vor allem die Haut am Oberkiefer an. Die Schleimhaut oberhalb des Eckzahnes ist sehr stark durchblutet und daher gut geeignet. Drücken Sie mit einem Finger kurz auf die Schleimhaut und lassen sofort wieder los. Durch den Druck verschwindet kurzfristig die frischrosa Färbung, die Schleimhaut erreicht aber nach 2 Sekunden wieder ihre normale Farbe. Diese Zeit wird als kapillare Füllungszeit bezeichnet und ist ein guter Anhaltspunkt für eine eventuelle Kreislaufmitbeteiligung.

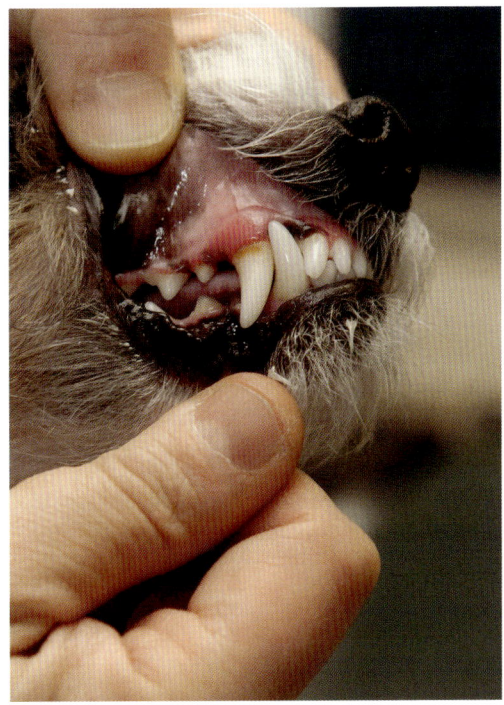

Die kapillare Füllungszeit ist als Hilfsmittel zur Erkennung einer Kreislaufbeteiligung sehr gut heranzuziehen.

Eckwerte für den
gesunden Hund

Körpertemperatur:
38,0–39,0 °C

Pulsfrequenz:
Kleiner Hund 90–160 Schläge pro Minute
Mittlerer Hund 80–130 Schläge pro Minute
Großer Hund 60–110 Schläge pro Minute

Atemfrequenz:
10–30 Atemzüge pro Minute

Schleimhautbeurteilung:
Farbe: frischrosa
Kapillare Füllungszeit ‹ 2 Sekunden

Vom Welpen zum Senior

Wir alle wünschen uns gesunde und aktive Hunde, die möglichst lange leben. Wie die meisten Hundehalter wissen, kann man davon ausgehen, dass große Hunde maximal etwa 10 bis 12 Jahre alt werden, während Vertreter kleiner Rassen häufig ein Lebensalter von 14 bis 15 Jahren erreichen. Dabei sind, wie immer, Ausnahmen oder besser gesagt Extreme in beide Richtungen möglich. Bei einem Wolfshund ist ein erreichtes Alter von 7 bis 8 Jahren bereits als hoch zu werten, auf der anderen Seite habe ich in meiner Praxis schon vor allem kleine Hunderassen mit einem Alter jenseits der 17 Jahre gesehen.

Der älteste Hund in meiner Praxis hat es auf fast 21 Jahre gebracht.

Damit unser Wunsch nach einem langen Leben des Hundes nicht nur ein Wunsch bleibt, müssen wir als Hundehalter unseren Teil dazu beitragen. Hierbei spielt eine gute Pflege eine genauso große Rolle wie die Einhaltung der Impfintervalle und die regelmäßige Entwurmung. Eine dem Hund angepasste hochwertige Ernährung und regelmäßige Bewegung sind ebenso notwendig für ein langes, gesundes Leben wie der Tierarztbesuch zum Durchchecken.

Schließlich gilt beim Hund ebenso wie beim Menschen: Wehret den Anfängen. Fällt bei der jährlichen tierärztlichen Routineuntersuchung ein Krankheitsprozess schon im Frühstadium auf, dann ist es meist noch früh genug, um heilend eingreifen zu können. Fällt derselbe Prozess jedoch erst Monate später auf, hat er sich womöglich bereits zu einer handfesten Krankheit ausgebildet, sodass es dann oft bereits erheblich schwieriger ist, eine vollständige Wiederherstellung der Gesundheit zu erreichen. Gehen Sie also mit Ihrem Tier ebenso regelmäßig zur Kontrolle wie Sie es selbst mit Ihrem Hausarzt halten – Ihr Tier wird es Ihnen danken! Der Tierarzt wird eine Blutuntersuchung empfehlen. Hierbei werden dann die Organwerte von Leber und Niere sowie die Werte, die für einen gesunden Stoffwechsel zuständig sind, kontrolliert. Auch eine Überprüfung der Schilddrüse und des Zuckerhaushaltes gehören zu dieser Untersuchung. Je nach Befund der allgemeinen Untersuchungen können sich bei Bedarf noch speziellere Analysen anschließen.

Die Ernährung des Hundes

Der Hund ist ein Fleischfresser. Dies ist sicher eine äußerst knappe und simple Definition der Bedürfnisse des Hundes, aber wenn wir uns die Frage stellen, wie ein Hund artgerecht ernährt wird, dann kann man es auf diesen einfachen Leitsatz bringen.

Man kann davon ausgehen, dass Wölfe und wild lebende Hunde ursprünglich wohl meist das gesamte Beutetier gefressen haben. Also komplett mit Haut und Haaren, Magen- und Darminhalt und natürlich auch mitsamt der Muskulatur. Das Verhältnis zwischen Fleisch und Nicht-Fleisch-Komponenten lag dabei wohl bei ca. $\frac{2}{3}$ zu $\frac{1}{3}$. Auch wenn der heutige Hund kein Wolf ist, so gilt dieses Maß auch heute noch als Faustformel, an der man sich orientieren sollte.

Auch an der Vielfalt, die der Urahn unserer Hunde zu sich genommen hat, sollten wir uns ein Vorbild nehmen: Versuchen Sie, Ihren Hund abwechslungsreich und hochwertig zu ernähren. Schließlich achten auch wir Menschen heutzutage sehr genau darauf, was wir zu uns nehmen – da sollte unser bester Freund auch nicht zu kurz kommen. Er wird es Ihnen danken, denn eine ausgewogene, vielfältige Ernährung kommt seiner gesamten Gesundheit zugute.

Grundsätzlich haben Sie im Wesentlichen drei Wege, Ihren Hund zu ernähren – mit Nass- bzw. Dosenfutter, mit Trockenfutter oder mit Frischfleisch. Für welche Variante Sie sich entscheiden, ist allein Ihnen und Ihren jeweiligen Vorlieben überlassen. Doch auch hier gibt es Unterschiede. Auch bei der Wahl des Hundefutters ist eine auf die Ernährung unserer Hunde spezialisierte Tierarztpraxis ein guter Ansprechpartner.

Regelmäßige Gewichtskontrollen des Hundes zur Prophylaxe von zum Beispiel Diabetes oder anderen Stoffwechselerkrankungen sollten für jeden Hundehalter selbstverständlich sein.

Dosenfutter

Das industriell hergestellte Dosenfutter ist von seiner Zusammensetzung her sicher für den Hund geeignet und deckt seine Bedürfnisse ab. Allerdings sollten Sie bedenken, dass diese Art der Nahrung zum größten Teil aus Wasser besteht, künstlich mit Vitaminen versetzt und zur längeren Haltbarkeit entsprechend sterilisiert wird. Zudem fördert die weiche Konsistenz des Futters die Bildung von Zahnstein.

Auch wenn viele Hunde aufgrund der zugefügten Duftstoffe Dosenfutter gern annehmen – eine wirklich geeignete Ernährung ist es nicht. Denn schließlich ist auch unsere Ernährung sehr vielfältig, und wir ernähren uns nur in den seltensten Fällen ausschließlich mit Konserven.

Trockenfutter

Eine weitere Variante ist das bequem zu fütternde Trockenfutter. Mittlerweile bietet der Markt zahllose Arten und Marken für unsere Vierbeiner. Von Produkten für alle Altersstufen über Futter für unterschiedliche Rassen bis hin zu Sorten für bestimmte Gesundheitssituationen wie etwa Allergikerfutter oder Sorten für den empfindlichen Magen. Die Auswahl ist so groß, dass die meisten Hundebesitzer mit der Qual der Wahl fast überfordert sind. Lassen Sie sich von Ihrem Tierarzt beraten, der gemeinsam mit Ihnen entscheiden wird, was für Sie und Ihren Hund geeignet ist.

Allerdings sollten Sie auch hier bedenken, dass das eingangs genannte Verhältnis von $2/3$ zu $1/3$ bei den meisten Trockenfuttersorten heute nicht mehr eingehalten wird. Es hat

Hunde sollten neben ihrem Fressnapf in einem separaten Napf immer ausreichend Frischwasser zur Verfügung haben.

sich vielmehr verschoben und zwar hin zu einem deutlich höheren Getreideanteil – vermutlich insbesondere deshalb, weil es die Hunde schneller satt macht. Dies entspricht aber nicht unbedingt den Bedürfnissen des Hundes, und vielfach ist daher der »Output« des Hundes größer als der »Input«. Dies ganz einfach deshalb, weil ein Großteil der zugeführten Futterbestandteile den Hund zwar kurzfristig sättigen, aber nicht langfristig von ihm verwertet werden können und dementsprechend einfach ausgeschieden werden. Darüber hinaus klagen heute viele Hundebesitzer über zunehmende Getreideallergien ihrer Vierbeiner, sodass viele von ihnen auf das sogenannte BARFen (Biologisch Artgerechte Roh-Fütterung) umgestiegen sind, d. h. dass der Hund mit rohem Fleisch und Gemüse und/oder Getreide ernährt wird.

Gut zu wissen

Ob und wie der einzelne Hund mit welcher Fütterungsart zurechtkommt, muss im Einzelfall anhand des Kotabsatzes, der Fellbeschaffenheit und der körperlichen Leistungsfähigkeit entschieden werden. Für welche Variante Sie sich entscheiden, sollten Sie an den Bedürfnissen Ihres Hundes – seinem Alter, seiner Bewegung und seiner Konstitution – festmachen und gemeinsam mit Ihrem Tierarzt besprechen.

BARF (Frischfleischfütterung)

Diese Form der Ernährung entspricht sicher viel eher den Bedürfnissen des Hundes und macht es Ihnen in vielerlei Hinsicht leicht, Abwechslung in Bellos Futterplan zu bringen. Zudem wird Frischfutter von den meisten Hunden sehr gern gefressen – frisch schmeckt einfach besser und ist gesünder.
Wichtig bei dieser Art der Fütterung, zu der es heute bereits zahlreiche empfehlenswerte Internetportale und auch Bücher gibt, in denen sich der interessierte Hundebesitzer informieren kann, ist vor allem, dass folgende Inhaltsstoffe auf dem Speiseplan stehen sollten: Eiweiß, Kohlenhydrate, Fette, Mineralstoffe, Spurenelemente und nicht zuletzt Vitamine. Um dies zu gewährleisten, eignen sich insbesondere Fleischsorten wie Rind, Pferd, Wild und Geflügel, wobei neben dem Muskelfleisch auch Innereien wie vor allem der Pansen und der Blättermagen des Rindes aufgrund ihres hohen Vitamingehalts sehr sinnvoll sind. Als Kohlenhydrate empfehlen sich vor allem Reis, Haferflocken oder Nudeln, aber auch Kartoffeln oder Hirse. Ergänzt werden kann diese Mischung durch Gemüse und Obst wie Möhren, Spinat, Gurken, Äpfel oder ähnliche Dinge, die unser Kühlschrank hergibt.
Allerdings ist – aus unterschiedlichen Gründen – nicht jeder Besitzer für das BARFen zu begeistern. Generell kann gesagt werden, dass auch das kommerzielle Hundefutter in jedem Fall ausgiebig auf seine Tauglichkeit für die Ernährung des Hundes getestet wird und somit wohl kein gänzlich ungeeignetes Hundefutter auf dem Markt ist.

Erste Hilfe

Immer wenn ich vor Hundehaltern meinen Vortrag über »Erste Hilfe beim Hund« halte, erwarten die meisten Zuhörer zunächst etwas in der Richtung, wie es fast alle von ihnen noch aus der Zeit kennen, als sie selbst den Führerschein gemacht haben. Beim Hund sind es allerdings weniger solche »Erste Hilfe-Maßnahmen am Unfallhund«, sondern vielmehr wichtige Tipps und Handgriffe, die in den vielen alltäglichen Verletzungssituationen unserer Hunde den Weg zum Tierarzt erleichtern und vielleicht überhaupt erst möglich machen.

Trotzdem bleibt der Verkehrsunfall eine der häufigsten Verletzungsquellen für den Hund, sodass wir hiermit beginnen wollen. Übrigens hat auch ein Tierarzt keinerlei Sonderrechte im Straßenverkehr – und im Fall eines Unfalls eines Hundes darf er rein rechtlich, selbst im lebensbedrohenden Notfall, noch nicht einmal in der zweiten Reihe parken oder gar mit erhöhter Geschwindigkeit durch die Ortschaft fahren. Insofern ist auch für Sie als Halter im dringenden Notfall die sichere und korrekte Erstversorgung des Hundes und die Fahrt auf schnellstem Weg zum nächsten erreichbaren Tierarzt ganz sicher die beste Erste-Hilfe-Maßnahme für den geliebten vierbeinigen Freund. Hier tritt aber meist schon das erste entscheidende Problem auf: Welcher Tierarzt hat Dienst, und wo ist der für meinen Fall optimal ausgestattete Tierarzt? Ich erlebe es immer wieder, dass Besitzer selbst mit einem Hund, der eine lebensbedrohliche Magendrehung

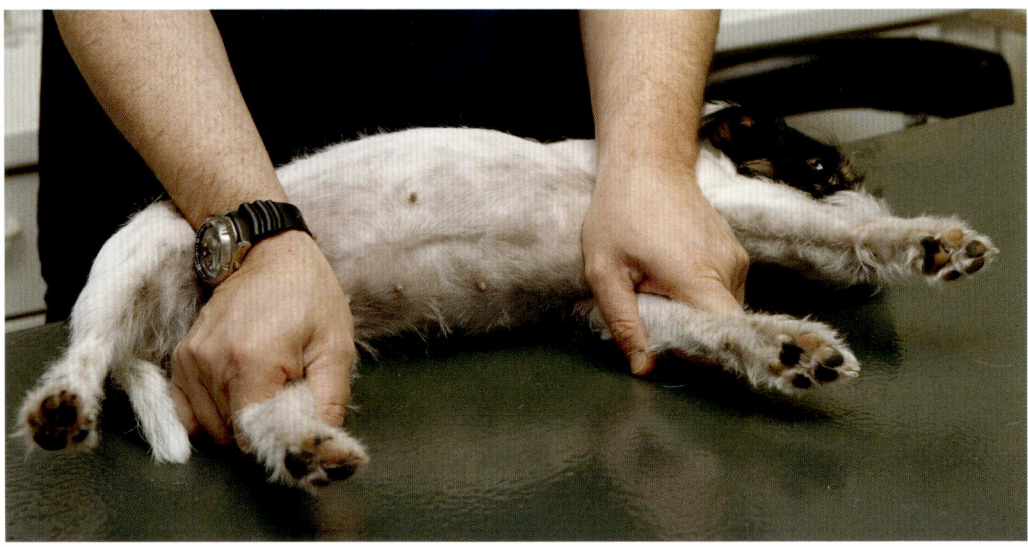

Korrekte Fixation des Hundes. Nur so kann ein Hund gefahrlos untersucht werden.

hat, noch mehrere Kilometer zu ihrem Arzt fahren, anstatt mit diesem absoluten Notfall, der ihnen kaum 4 Stunden Zeit bis zum Tod des Tieres lässt, den nächsten erreichbaren Tierarzt aufzusuchen. Egal wer es ist – die Erstversorgung eines Notfalls hat jeder Tierarzt im Rahmen seines Studiums gelernt, und eine solche durch den Tierarzt, selbst wenn sie vielleicht noch nicht zur endgültigen Heilung führt, ist immer besser, als die meist viel zu knappe Zeit durch unsinnige Autofahrten zu verschwenden.

Verkehrsunfall

Einer der wichtigsten Ratschläge zur Ersten Hilfe ist die **Einhaltung der Sicherheitsvorkehrungen**. Denken Sie bei einem Autounfall unbedingt als Allererstes daran, die Unfallstelle zu sichern, um weiteres Unheil zu vermeiden. Erst wenn dies getan ist, können Sie sich in Ruhe um das verletzte Tier kümmern. Bedenken Sie – selbst wenn es der eigene Hund ist –, dass er möglicherweise große Schmerzen hat und sich daher sicher nicht so gerne anfassen lässt wie sonst. Seien Sie daher unbedingt sehr vorsichtig und behutsam, wenn sie sich dem Hund nähern und ihn anfassen. Um sich die Erstuntersuchung des Hundes zu erleichtern, sollten Sie vorsichtshalber seine Schnauze mit einem Band, einem Tuch oder einem Nylonstrumpf zubinden, damit er Sie nicht verletzen kann. Unmittelbar danach beginnt dann die Erstuntersuchung des Hundes. Hier geht es in erster Linie darum, dass Sie den lebensbe-

Wie verhalte ich mich beim Verkehrsunfall richtig?

Sichern Sie als Erstes die Unfallstelle, damit nicht noch mehr passiert, und kümmern Sie sich erst dann um Ihren Hund. Nehmen Sie eine rasche Erstuntersuchung des verletzten Tieres vor. Dabei sollten Sie den Hund in die Seitenlage bringen und sicherstellen, dass seine Atemwege frei sind. Sodann bringen Sie – gegebenenfalls gemeinsam mit einem Helfer – das Tier ins Auto und fahren auf dem schnellsten Weg zum nächstgelegenen Tierarzt, um es dort eingehender untersuchen zu lassen.

drohlichen **Schock** ausschließen müssen. Hierzu drücken Sie mit den Fingern kurz auf das Zahnfleisch des Hundes und beobachten dann nach dem Loslassen die Zeit, bis die durch den Druck weiß gewordene Stelle wieder die für den Hund typische frischrosa Farbe aufweist. Diese sogenannte kapillare Füllungszeit darf bei einem gesunden Hund maximal 1 bis 2 Sekunden betragen. Eine verzögerte kapillare Füllungszeit, kalte Gliedmaßen und eine stark beschleunigte Atmung sind sichere Anzeichen für eine Kreislaufsituation, die sich zum Schock entwickelt oder in der bereits ein Schock besteht. Sollte dies der Fall sein, ist extreme Eile geboten.
Drehen Sie den Hund vorsichtig auf die rechte Seite auf eine feste Unterlage. Dabei achten Sie unbedingt darauf, dass sein Herz oben liegt, damit es ohne Druck von außen schla-

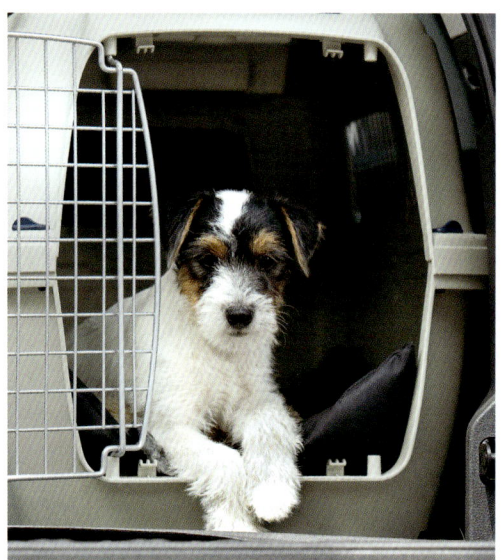

Vor allem bei sonnigem Wetter sollte darauf geachtet werden, dass der Hund auch im Auto immer genügend Frischluft bekommt.

gen kann. Sollten Sie ihn umdrehen müssen, achten Sie bitte darauf, dass Sie ihn möglichst nicht zu sehr im Rücken verdrehen, um eventuelle Verletzungen nicht zu verschlimmern. Wischen Sie dem Hund dann alle sichtbaren Schleim- und Blutanteile weg, die ihm eventuell die Atemwege verschließen könnten. Dies sind die allerwichtigsten Erstmaßnahmen bis zur Fahrt zum Tierarzt.

Hitzschlag

Eine weitere immer wieder vorkommende Notfallsituation, in die jeder von uns geraten kann, ist der Hitzschlag. Nicht nur bei brütender Sommerhitze, sondern bereits bei mode-

raten Außentemperaturen kann unser Auto für den Hund zum Brutkasten werden – einige Zeit in der prallen Sonne reicht oft schon aus, um die Körpertemperatur des Hundes deutlich über 40 °C ansteigen zu lassen. Wenn dies der Fall ist, beginnen die lebensnotwendigen Organe recht schnell zu versagen, weil durch die hohe Körpertemperatur die Körpereiweiße zerstört werden. Schnelles Handeln ist dann angesagt.

Idealerweise sollten Sie den Hund sofort am ganzen Körper mit feuchten, kalten Tüchern oder Lappen abkühlen und sofort mit ihm den nächsten Tierarzt aufsuchen. Ist der Hund aufgrund des Hitzschlags bereits bewusstlos, drehen Sie ihn auf die rechte Seite und versuchen ihn weiter zu kühlen.

Achten Sie unbedingt darauf, wenn Ihr Hund im Auto warten muss, dass der Wagen im Schatten steht und dass Sie die Scheiben zumindest einen Spalt offenlassen. Und vor allem: Denken Sie daran, dass die Sonne wandert. Steht der Wagen jetzt noch gut, so mag es in einer Stunde schon anders aussehen. Achten Sie zudem darauf, dass der Hund im Auto genügend Wasser hat. Und wenn es doch einmal länger dauert – schauen Sie unbedingt zwischendurch nach Ihrem Tier!

Biss- und andere Wunden

Noch häufiger haben wir es als Hundehalter mit Wunden aller Art zu tun. Bisswunden, Schnittwunden, Kratzwunden – egal auf welche Weise sich der Hund verletzt hat, im Prinzip müssen sie alle auf die gleiche Art versorgt werden: Blutstillung, Sauberkeit und – soweit möglich – steriles Abdecken der Verletzung. Wenn Sie diese drei Punkte beachten, hat die Wunde beste Chancen, schnell und gut zu verheilen.

Natürlich müssen wir gerade bei der Blutstillung kleinere und undramatische Blutungen, also etwa abgerissene Krallen oder kleinere Kratzer, von den großen Blutungen, also etwa aus Arterien der Gliedmaßen, unterscheiden. Aber gleichgültig um welche Blutung es sich handelt: Stillen Sie zunächst den Blutfluss durch Druck auf das verletzte Gefäß, bis die Blutung steht. Dazu genügt bei einer kleinen sogenannten Sickerblutung, also einem kleinen Biss oder Ratscher, ein Druckverband. Bei größeren Gefäßen müssen Sie dagegen unter Umständen die Blutung direkt mit dem Finger oder der Faust so lange eindrücken, bis auch hier die Blutung steht. Das kann bis zu

Hitzschlag vermeiden und richtiges Verhalten, wenn es doch passiert

Parken Sie Ihren Wagen grundsätzlich immer im Schatten – selbst bei trübem Wetter. Halten Sie immer ausreichend Wasser für Ihren Hund bereit, das Sie ihm nach der Wartezeit im Auto anbieten können. Faltbare Trinknäpfe für unterwegs nehmen nicht viel Platz weg und gehören in jedes Hundeauto.

Und wenn es doch passiert ist: Kühlen Sie den Hund am ganzen Körper mit feuchten Tüchern – auch ein altes Handtuch gehört daher unbedingt in Ihr Auto. Und nach dieser Erstversorgung fahren Sie auf dem schnellsten Weg mit dem Hund zum nächsten Tierarzt.

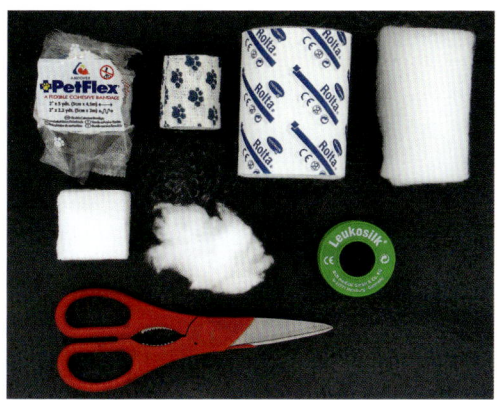

Utensilien für einen korrekt angelegten Verband beim Hund. Oben (von links nach rechts): 2 verschiedenen selbstklebende Verbandsbinden, daneben abrollfähige Watte. Mitte (von links nach rechts): Tupfer, Watte, Klebeband. Unten: Haushaltsschere.

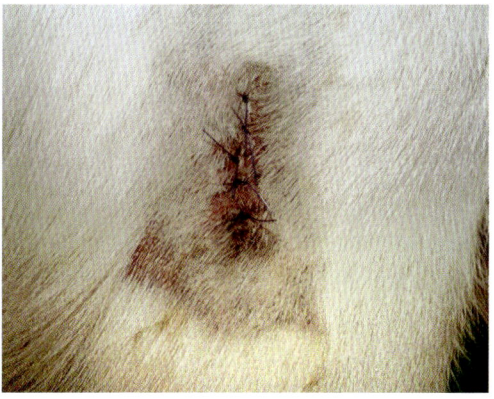

Auch kleine Hautverletzungen sollten, zur Vermeidung von Infektionen und um eine schnelle Wundheilung zu erreichen, immer durch eine Naht versorgt werden. Nach einigen Tagen können die Fäden dann vom behandelnden Tierarzt wieder gezogen werden.

Erstversorgung von blutenden Wunden

Stillen Sie zunächst die Blutung, indem Sie das Gefäß abdrücken. Dann erst decken Sie die Wunde ab. Je nach Schwere überlassen Sie die weitere Versorgung dem Tierarzt bzw. legen einen einfachen Verband an.

15 Minuten und mehr dauern – lassen Sie nicht nach und geben Sie nicht auf. Irgendwann hört es auf zu bluten. Decken Sie dann die Wunde auch hier mit einem Verband ab, fahren in solch einem Fall zum Tierarzt und lassen dort die Wunde versorgen. Meist wird der Tierarzt die endgültige Versorgung einer so stark blutenden Wunde nur chirurgisch lösen können.

Pfotenverband

Sehr häufig kommt es bei Hunden zu Verletzungen im unteren Gliedmaßenbereich, die zwar nicht dramatisch sind, die aber doch mit einem Verband geschützt werden müssen. Gerade solche Verbände müssen unbedingt an einigen Stellen besonders gut gepolstert werden, damit es nicht zu Druckstellen unter dem Verband kommt.

Legen Sie dazu beim Pfotenverband zwischen jede Zehe/Kralle eine kleine Menge Watte, damit keine Hautentzündungen durch schwitzende Ballen oder Druckverletzungen aufgrund der gegeneinander gepressten Krallen und Zehen entstehen können. Denken Sie dabei auch an die Polsterung der sogenannten Afterkralle am Vorderbein oder – falls vorhanden – die Polsterung der Wolfskralle am Hinterbein.

Höher als bis zum Ellenbogengelenk oder am Hinterbein bis zum Kniegelenk ist kein Verband beim Hund an den Gliedmaßen möglich, weil er schlicht und einfach nicht halten würde. Was weiter oben liegt, muss also anders versorgt werden.

Alle weiteren Maßnahmen, die unter den Oberbegriff Erste Hilfe fallen könnten, werden in den jeweiligen Kapiteln besprochen.

Mein besonderer Tipp

Beginnen Sie beim Wickeln des Pfotenverbandes immer von unten, also von der Pfote her. Wenn Sie oben anfangen, rutscht der Verband durch die Bewegung beim Laufen nach unten und schnürt dort die Pfote ab. Dies führt dann schnell zu Schwellungen im unteren Bereich, was wiederum häufig als Entzündung endet.

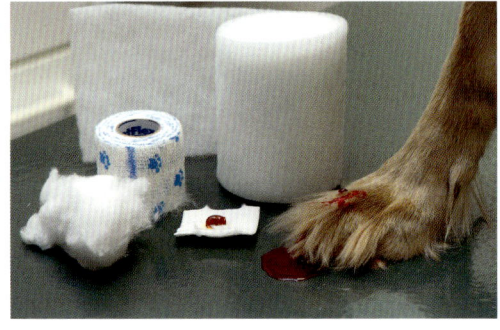

Notwendige Utensilien um eine infizierte Wunde zu versorgen.

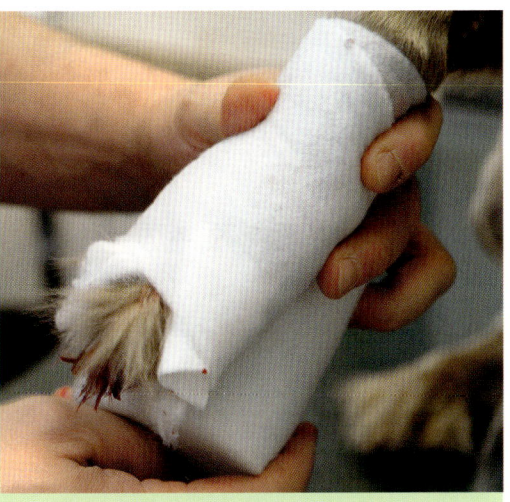

Zwischen die Zehen muss eine Polsterung gebracht werden, um Druckstellen durch den Verband zu vermeiden. Auf die Wunde wird ein Tupfer mit Betaisodonnasalbe gelegt.

Eine ausreichende Polsterung durch Watte ist notwendig, um einen nicht drückenden und scheuernden Verband anzulegen.

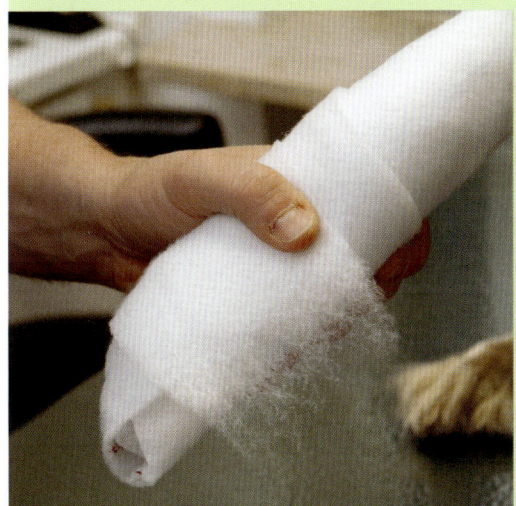

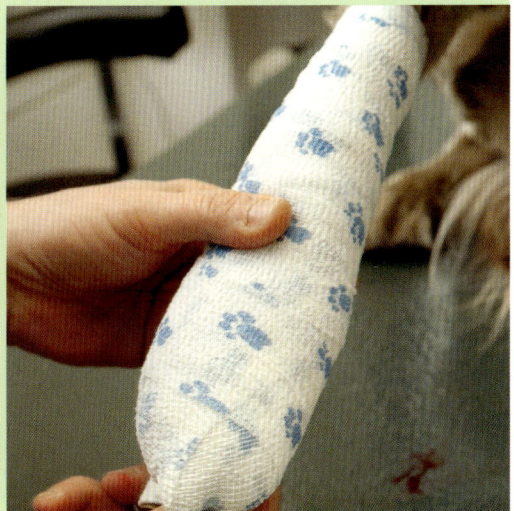

Ein ordnungsgemäßer Verband geht immer von der Pfote bis über das gesunde Gelenk hinaus und bedarf einer gründlichen Polsterung.

Als letzte Lage dient ein Fixierverband mit selbstklebendem Verbandmaterial. Wichtig ist hierbei, einen nicht zu hohen Zug auf die einzelnen Lagen auszuüben.

Infektionserkrankungen

Gehört davon hat jeder schon einmal, aber was genau sind Infektions-

krankheiten, und was kann man dagegen tun?

Im Wesentlichen unterscheidet man die viralen und die bakteriellen Krank-

heiten sowie die gemischten Infektionen, die sowohl Viren als auch Bakte-

rien enthalten. Eine Sonderform stellen die Reisekrankheiten dar.

Viruserkrankungen

Die einfachste Vorbeugung gegen alle nachfolgend aufgeführten Viruserkrankungen ist die regelmäßige Impfung. Allein dadurch helfen Sie Ihrem Hund am meisten. Selbst wenn manche Krankheiten durch Impfungen nicht vollständig verhindert werden können, so helfen diese doch zumindest, dass der Verlauf deutlich gemildert wird. Der regelmäßige Gang zum Tierarzt zum Impfen sollte für Sie als Hundehalter also unbedingt zum Standard gehören. Das aktuell empfohlene Impfschema entnehmen Sie bitte dem untenstehenden Kasten.

Nachfolgend finden Sie Beschreibungen der Krankheiten, gegen die jeder Hund geimpft werden sollte.

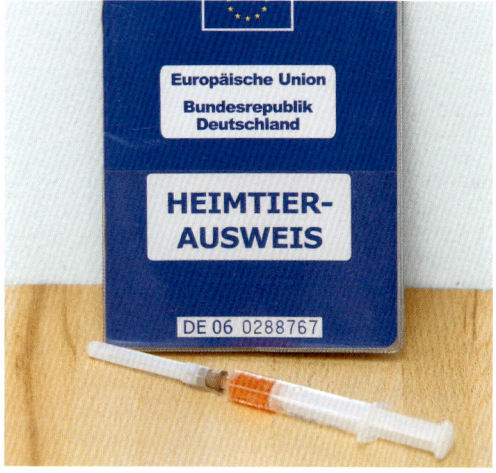

Zur Prophylaxe von schwerwiegenden Erkrankungen ist eine regelmäßige Impfung zu empfehlen.

Staupe

Von der Staupe hat fast jeder Hundebesitzer schon gehört, aber die wenigsten wissen, was

Impfschema Hund

8. Lebenswoche	Staupe, Hepatitis, Parvovirose, Leptospirose, Zwingerhusten
12. Lebenswoche	Staupe, Hepatitis, Parvovirose, Leptospirose, Zwingerhusten, Tollwut
16. Lebenswoche bei hohem Infektionsdruck, also bei Rudelhaltung oder bei Hunden, die sehr viel Kontakt mit anderen Hunden haben	Staupe, Hepatitis, Parvovirose, Leptospirose, Zwingerhusten
mit 1 Jahr	Staupe, Heptatitis, Parvovirose, Leptospirose, Zwingerhusten, Tollwut
ab dem 2. Lebensjahr jährlich	Leptospirose, Zwingerhusten
ab dem 2. Lebensjahr alle 3 Jahre bei vorheriger vollständiger Grundimmunisierung	Staupe, Heptatitis, Parvovirose, Tollwut

sich dahinter verbirgt. Es handelt sich hier um eine hochansteckende virale Erkrankung der Hunde. Das Virus selbst ist mit dem Masernvirus des Menschen verwandt, allerdings kann sich der Mensch daran nicht anstecken. Anders bei Frettchen, Dachs, Wiesel, Marder, Robben und Otter – sie können sich durchaus mit diesem Virus infizieren. Die Übertragung erfolgt durch alle Sekrete (Speichel und Tränenflüssigkeit) und alle Exkreten (Kot und Urin). Schon durch das einfache Schnüffeln an diesen Ausscheidungen infizierter Tiere, aber natürlich auch durch direkten Kontakt mit erkrankten Tieren kann sich der Hund anstecken. Das Virus wird dabei über die Atem- oder Verdauungswege aufgenommen. Zwischen der Aufnahme des Virus und der Erkrankung, also die Zeit der Inkubation, vergehen 3 bis 7 Tage.

Wie zeigt sich die Staupe? Zunächst tritt beim Tier hohes Fieber (um 40 °C) auf. Zugleich ist der Hund apathisch und verweigert vielfach auch das Fressen. Im weiteren Verlauf zeigen sich dann verschiedene Formen.

Zum einen gibt es die sogenannte **Atemwegsverlaufsform**. Diese erkennt man am wässrig eitrigen Ausfluss aus Augen und Nase sowie einer starken Entzündung des Rachens, der Luftröhre, der Lunge und der Bronchien. Insbesondere der starke und später feucht-rasselnde Husten ist ein weiteres Symptom dieser Staupeform.

In einigen Fällen kann die Staupeerkrankung sich aber auch ganz anders, nämlich durch sehr heftige Durchfälle und Erbrechen äußern. Diese Verlaufsform wird als **Magen-Darm-Trakt-Form** bezeichnet. In diesem Fall

müssen Sie als Besitzer unbedingt darauf achten, dass Ihr Tier genügend Flüssigkeit zu sich nimmt, die meist in Form von Infusionen verabreicht werden muss, damit der Patient nicht austrocknet.

Die dritte und am schwersten in den Griff zu bekommende Verlaufsform der Staupe ist die sogenannte **nervöse Form**. Sie wird begleitet von Krämpfen, Schwäche in den Gliedmaßen, Einschränkungen in den Sinnesorganen (Augen und Ohren) und teilweise heftigen Speichelbildungen. Eine vollständige Ausheilung dieser Verlaufsform ist sehr selten und wenn, dann fast nie ohne bleibende Spätfolgen möglich. Zu diesen Spätfolgen können z. B. Krampfanfälle verschiedener Ausprägungen gehören.

Weitere seltenere Verlaufsformen der Staupe können die Haut und die verhornten Hautstellen befallen. Hierbei zeigen sich meist eitrige Ausschläge im Bauch und an den Ohren. Als Hartballenkrankheit wird in diesem Zusammenhang die massive Verhornung der Sohlenballen bezeichnet, die auch als Spätfolge einer Staupe gesehen wird.

Tritt die Staupe in den ersten 12 Lebenswochen des Welpen auf, so verursacht sie massive Schmelzdefekte an den Zähnen des Tiers – das sogenannte Staupegebiss. Nach der 12. Lebenswoche ist jedoch die Schmelzbildung abgeschlossen, sodass danach auftretende Staupefälle keinen Einfluss mehr auf das Gebiss haben.

Die Behandlung der Staupe kann sich, wie bei allen Viruserkrankungen, nur gegen die jeweiligen Symptome richten. Auch auf dem Markt befindliche Immunseren mit darin enthalten-

Gerade im Umgang mit Kindern muss bei den Hunden darauf geachtet werden, dass der Hund regelmäßig entwurmt wird.

2 Wochen beanspruchen kann. Das Sauberhalten der Nase und der Augen, die Zubereitung der Durchfalldiät und die liebevolle Betreuung des Patienten gehören ebenso dazu wie die Einhaltung besonderer Hygienemaßnahmen, denn auch Inkontinenz kann ein Symptom der Krankheit sein.

Am wichtigsten sollte es für Sie als Hundebesitzer sein, alles dafür zu tun, dass Ihr Hund gar nicht erst an dieser schwer bekämpfbaren Krankheit leiden muss.

Die beste Prophylaxe ist einfach: der ausreichende Impfschutz. Schon als Welpe wird der Hund, noch bei der Mutter, in der 8. Lebenswoche und dann ein weiteres Mal, meist bereits beim neuen Hundebesitzer, in der 12. Lebenswoche geimpft. Eine Wiederholung dieser Impfung muss nach einem Jahr durchgeführt werden und steht dann im Drei-Jahres-Rhythmus an.

Parvovirose

den Antikörpern haben meist nur einen unzureichenden Erfolg. Das Hauptaugenmerk liegt auf der ausreichenden Verabreichung von Flüssigkeit per Infusion sowie der symptomatischen Behandlung der Krampfanfälle in der nervösen Verlaufsform. Die weitere Behandlung eines an Staupe erkrankten Hundes besteht in der antibiotischen Therapie der sekundären Infektion mit Bakterien, die meist auf eine Viruserkrankung folgt. Zusätzlich werden Maßnahmen zur unspezifischen Steigerung des Immunsystems durchgeführt.

An Staupe erkrankte Hunde benötigen eine umfassende Pflege und Versorgung, die 1 bis

Eine weitere Erkrankung, gegen die Ihr Hund bei den Standardimpfungen geschützt wird, ist die Parvovirose, die vielen Hundebesitzern auch als Katzenseuche bekannt ist. Leider befällt sie heutzutage nicht mehr nur Katzen, wie es früher einmal war, mittlerweile können sich auch Hunde mit dieser hochansteckenden Krankheit infizieren. Allerdings nicht von Katze zu Hund oder umgekehrt – das Virus, das die Krankheit überträgt, hat sich durch Mutationen so stark verändert, dass dieser Übertragungsweg nicht mehr gegeben ist. Das Parvovirus wird mit dem Kot ausgeschieden und ist gegenüber äußeren Einflüssen sehr widerstandsfähig. Hunde infizieren sich mit dem Virus durch direkten Kontakt beim Schnüffeln an den Exkrementen infizierter Hunde oder durch direkten Kontakt mit erkrankten Tieren.

Die Inkubationszeit ist hier besonders kurz und dauert nur wenige Tage. Danach zeigt sich die Erkrankung in zwei möglichen Formen: Bei Welpen bis zum 4. Lebensmonat befällt das Virus den Herzmuskel. Nach kurzer Atemnot und stark schnorchelnden Atemgeräuschen verstirbt der kleine Patient meist binnen sehr kurzer Zeit. Die Sterblichkeit bei Welpen im Alter bis 4 Monaten liegt bei beinahe 100 Prozent.

Bei älteren Hunden ist es dagegen vor allem der Verdauungstrakt, der durch das Virus angegriffen wird. Zunächst leidet der Hund meist einige Tage unter Erbrechen, erscheint apathisch und hat dabei teilweise auch sehr hohes Fieber. Danach kommt es dann zu massiven blutigen Durchfällen, die geradezu unstillbar erscheinen. Dieser heftige Durchfall, der bei der Parvovirose einen sehr eigenen süßlichen Geruch hat, ist das Haupterkennungsmerkmal dieser Krankheit. Der hohe Flüssigkeitsverlust durch diesen Durchfall führt dann meist zum Kreislaufversagen und zum Tod des Tieres. Die einzig realistische Chance zur Rettung des Hundes ist daher eine sofortige Dauertropfinfusion zur Flüssigkeitszufuhr. Zeitgleich wird der Tierarzt zum Schutz vor bakteriellen Sekundärinfektionen, die meist mit der eigentlichen Krankheit einhergehen, auch noch mit Antibiotika behandeln. Um den angegriffenen Darm weiter nicht zu belasten, muss der Hund mindestens 2 Tage hungern und künstlich ernährt werden. Dies geschieht durch Elektrolytlösungen, die ihm mithilfe einer Einmalspritze langsam in die seitliche Backentasche verabreicht werden. Hierbei muss jedoch darauf geachtet werden, dass nur immer so viel Flüssigkeit gegeben wird, wie der Hund auch abschlucken kann. Anderenfalls kann es bei zwangsweiser Gabe auch zum Eindringen von Flüssigkeit in die Lunge kommen, was wiederum eine starke Lungenentzündung mit meist tödlichem Ausgang zur Folge hätte.

Wenn diese Null-Diät überstanden ist, kann der Hund langsam wieder mit kleinen Mengen fester Nahrung gefüttert werden. Hier haben sich spezielle Durchfalldiäten bewährt, die meist besser vertragen werden und dem Hund schneller wieder auf die vier Beine verhelfen als selbstgekochtes Futter, auch wenn es mit noch so viel Liebe zubereitet wird.

Ein weiterer wichtiger Punkt bei der Behandlung eines Parvovirosepatienten ist die Einhaltung der absoluten Hygiene innerhalb der Umgebung des Hundes. Wie bereits zuvor gesagt ist das Virus sehr widerstandsfähig, sodass es ohne gründliche spezielle Desinfektion in Räumen weiterhin infektiös bleibt und auch über die Kleidung von Haus zu Haus und somit von Hund zu Hund übertragen werden kann. Um hier ganz sicher zu gehen, sollte der Hund mindestens 14 Tage keinerlei Kontakt zu Artgenossen haben.

Um Ihren Vierbeiner vor dieser gefährlichen Krankheit sicher zu schützen, sollte man ihn regelmäßig dagegen impfen lassen. Dies geschieht im Rahmen der normalen Impfung, wie bereits im Impfschema auf Seite 24 besprochen.

Hepatitis contagiosa canis

Die nächste Infektionskrankheit, gegen die Sie Ihren Hund durch die Impfung schützen können, ist die Hepatitis contagiosa canis, zumeist als H. c. c. abgekürzt. Hinter diesem komplizierten Namen verbirgt sich eine viral ausgelöste ansteckende Leberentzündung. Das Virus ist ebenfalls hochinfektiös und sehr stabil gegen alle Außeneinflüsse. Auch hier ist eine Desinfektion der Wohnung, in der sich ein an H. c. c. erkrankter Hund aufgehalten hat, nur mit speziellen Desinfektionsmitteln aus der Apotheke oder von Ihrem Tierarzt möglich.

Für ein sorgenfreies Hundeleben ist eine regelmäßige Impfung notwendig.

Die Infektion des Hundes mit dem Virus geschieht wiederum über direkten Kontakt mit einem erkrankten Hund oder durch Aufnahme des Virus an den Ausscheidungen (Speichel, Tränenflüssigkeit, Kot und Urin) eines erkrankten Tieres.

Das Tückische an der Krankheit ist, dass bereits nach einer sehr kurzen Inkubationszeit vor allem bei Welpen und ungeimpften Tieren ohne jegliche vorherige Krankheitsanzeichen Todesfälle auftreten. Bei älteren Tieren gibt es zwar Anzeichen, diese sind aber eher unspezifisch, sodass die Hepatitis schwer zu diagnostizieren ist. Fieber, Durchfälle und Erbrechen, gepaart mit starken Bauchschmerzen gehören zu den am häufigsten vorkommenden Symptomen. Manchmal sind auch kleine Blutungen unter der Haut sichtbar, die sich als blaurote Flecken zeigen. In einigen Fällen kann man zudem eine getrübte Hornhaut beobachten, die auf eine allergische Reaktion auf den Krankheitserreger zurückzuführen ist. Diese verschwindet jedoch nach der Abheilung wieder. Hier ist der erfahrene Tierarzt als sicherer Diagnostiker gefragt, um zum richtigen Ergebnis zu kommen.

In einigen Fällen kommt es nach der Infektion mit dem Erreger nur zu einer symptomlosen Form der Erkrankung, bei der die Tiere zwar über eine längere Zeit das Virus ausscheiden, ohne jedoch selbst zu erkranken. Diese Hunde stellen dadurch natürlich eine hohe Gefahr für ungeimpfte Tiere dar, denn niemand sieht ihnen an, dass sie krank sind. Ein Grund mehr für die regelmäßige Impfung. Ist ein Hund an der Hepatitis contagiosa canis erkrankt, so ist die Behandlung – wie bei den anderen viralen Erkrankungen auch – nur rein symptomatisch möglich. An erster Stelle steht hierbei immer vor allem die Flüssigkeitszufuhr per Infusion sowie die Gabe von Medikamenten, die das Erbrechen verhindern und dem Tier den Bauchschmerz nehmen.

Auch hier wird die Behandlung durch Antibiotika begleitet, um sogenannte Sekundärinfektionen, also Nebenerkrankungen, zu behandeln.

Haben Sie einen Hepatitispatienten zu Hause, dann achten Sie vor allem darauf, ihm bei der Behandlung seiner quälenden Bauchschmerzen zu helfen. Hier hat es sich bewährt, dem Hund eine Wärmflasche auf den Bauch zu legen – das tut den meisten Hunden sehr gut und wird gern angenommen. Um Verbrennungen durch den direkten Kontakt zu vermeiden, wickeln Sie die Wärmflasche einfach in ein Frotteehandtuch.

Als Vorbeugung gegen die Hepatitis contagiosa canis ist die ausreichende Impfung des Hundes, wie sie im allgemeinen Teil über die viralen Erkrankungen beschrieben wurde, unerlässlich.

Zwingerhusten

Vom Zwingerhusten hat fast jeder Hundebesitzer schon einmal gehört. Ihren Namen trägt diese Krankheit, weil sie häufig dort vorkommt, wo viele Hunde gemeinsam gehalten werden – also in Zwingern, in Tierheimen, in Tierpensionen oder nach Ausstellungen. An dieser Infektion des Hundes sind meist mehrere Viren und Bakterien beteiligt. Die An-

Gut zu wissen

Nicht jeder Husten ist gleich ein Zwingerhusten – hier ist es ähnlich wie beim Menschen, bei dem auch nicht jede Erkältung gleich eine Grippe sein muss. Aber so wie nur gegen die Grippe geimpft werden kann, so schützt auch eine Impfung nur gegen den Zwingerhusten. Die Impfung verhindert den Zwingerhusten zwar nicht generell, sorgt jedoch im Fall der Infektion für einen gemilderten Krankheitsverlauf.

steckung erfolgt auch hier durch direkten Kontakt mit infizierten Tieren oder durch Tröpfcheninfektion mit den ausgehusteten Sekreten. Schon das Schnuppern Ihres Hundes an einer Stelle, an der zuvor ein erkrankter Hund geniest hat, kann hierfür ausreichend sein. Aus diesem Grunde verbreitet sich die Krankheit – gerade in den Herbstmonaten – vielfach rasend schnell und füllt ganze Tierarztpraxen. Und wie üblich sind es Hunde, die unter Stress stehen oder die eine verminderte Immunabwehr haben, die sich damit anstecken.

Die Inkubationszeit bei der Infektion der oberen Luftwege dauert zwischen 2 Tagen und etwa 1 Woche. Ein plötzlicher den Hund quälender trockener Husten tritt meist als erstes Symptom auf. Vielfach klingt dieser Husten auch würgend oder so, als wolle der Hund erbrechen. Dazu können dann – je nach Art der beteiligten Bakterien – zusätzlich Augenentzündungen, Nasenausfluss und teilweise Fieber kommen.

Da es sich beim Zwingerhusten meist primär auch um eine durch Viren ausgelöste Erkrankung handelt, ist eine medikamentelle Therapie durch den Tierarzt vor allem der einer Viruserkrankung meist folgenden bakteriellen Besiedelung gewidmet. Antibiotika je nach regionaler Resistenzlage werden über einen Zeitraum von mindestens 1 Woche verabreicht.

Wenn Ihr Hund an Zwingerhusten erkrankt ist, dann lautet das oberste Gebot: Absolute

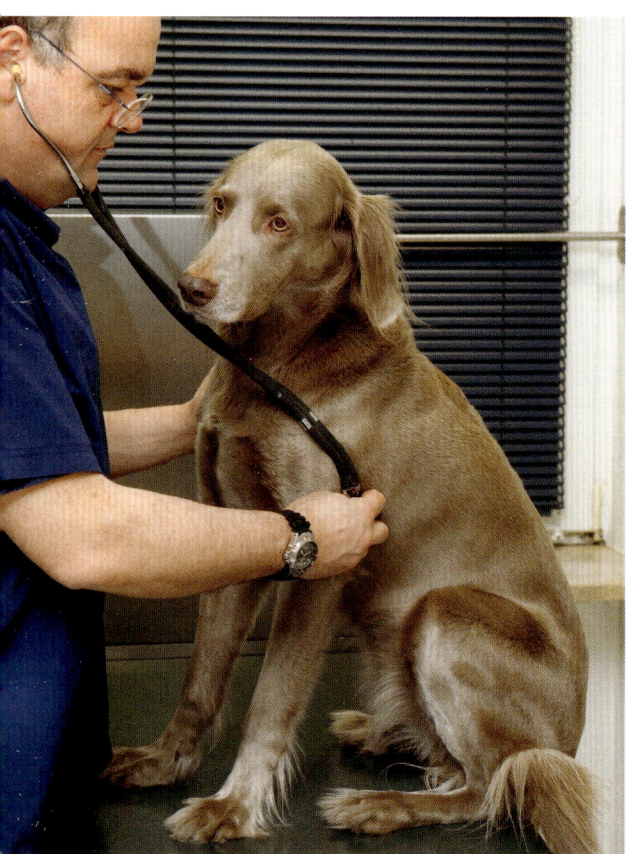

Eine genaue Untersuchung der Lunge ist nur durch einen Tierarzt möglich.

Ruhe und null Hundekontakt – also kein Besuch von Hundeplätzen, keine Spaziergänge auf den täglichen »Hundegassi-Autobahnen« – alles andere würde die Krankheit noch weiter verbreiten. Der Husten ist meist nach ungefähr 14 Tagen wieder verschwunden, und der Hund kann danach wieder seinem gewohnten Zeitvertreib nachgehen.

Zusätzlich zur antibiotischen Therapie sind alle Maßnahmen zur Steigerung des Immunsystems, also z. B. die sogenannte Paramunisierung durch Tierarzt, Eigenbluttherapie durch den Tierarzt oder die Gabe von homöopathischen Medikamenten wie Echinacea und Engystol hilfreich. Sekretlösende oder hustenreizmindernde Präparate lindern die Beschwerden des Hundes.

Prophylaktisch versucht man außerdem, mit einer Impfung einen Teil der Erreger abzuwehren. Jedoch kann dieser Schutz eben immer nur einen Teil der Erreger erfassen, und ebenso wie sich ein gegen Grippe geimpfter Mensch trotzdem erkälten kann, kann auch ein Hund, der gegen Zwingerhusten geimpft ist, trotzdem daran erkranken. Allerdings ist die Ausprägung mit Impfung nicht so stark wie ohne. Die Impfung gegen den Zwingerhusten muss im Jahresrhythmus erfolgen.

Aujeszkysche Krankheit

Bei der Aujeszkyschen Krankheit des Hundes, die auch als Pseudowut bezeichnet wird, handelt es sich um eine Infektion des Hundes mit einem Herpesvirus des Schweines. Die Infektion geschieht grundsätzlich durch den Verzehr von rohem oder nicht ausreichend erhitztem Schweinefleisch. Insofern sollte für jeden Hund Schweinefleisch, insbesondere in roher Form, grundsätzlich tabu sein. Dies gilt übrigens auch für die Jäger unter Ihnen, die ihren Hund gern mit Wildschweinfleisch füttern, denn auch diese Schweine können das Virus tragen.

Für alle Säugetiere mit Ausnahme der Primaten (Affen) und der Einhufer ist eine Infektion mit dem Virus möglich, und bei allen Säugetieren – ausgenommen Schwein und Mensch – endet diese Infektion immer tödlich. Die einzige Prophylaxe besteht allein in der Vermeidung der Aufnahme von rohem oder nicht ausreichend erhitztem Schweinefleisch. Dazu zählt sowohl die Gabe von Mett, Mettwurst und Schinken als auch die Verabreichung von nur gegrilltem Fleisch oder kurz gebratenem Schweinesteak. Hierbei ist es übrigens ganz egal, wie groß die Menge des so verabreichten Fleisches war. Selbst kleinste Mengen, die das Virus enthalten, können beim Hund bereits zur Infektion und somit zum Tod führen.

Erkrankte Hunde zeigen vor allem einen sehr heftigen Juckreiz, der mit starkem Speicheln und Lähmungserscheinungen in der Kopf- und Schlundmuskulatur einhergeht. Durch den extrem heftigen Juckreiz sieht man bei den Tieren auch unmittelbar eine massive sogenannte Automutilation – die Tiere fressen sich selbst auf. Der Tod tritt bei dieser grausamen Erkrankung meist innerhalb von 2 Tagen nach Ausbruch der Krankheit ein. Die Inkubationszeit bis zum Ausbruch der Erkrankung beträgt ca. 3 bis 9 Tage.

Tollwut

Von der Tollwut hat wohl jedermann schon einmal gehört, insbesondere weil sie auch für den Menschen gefährlich werden kann. Auch die Tollwut gehört zu den viralen Erkrankungen, gegen die der Hund zum Glück durch die prophylaktische Impfung wirksam geschützt werden kann.

Deutschland gehört zwar laut den amtlichen Statistiken derzeit zu den als tollwutfrei deklarierten Ländern. Dennoch ist bei einer sinkenden Impfmoral der Hundebesitzer jederzeit wieder mit einem Ausbruch der Erkrankung zu rechnen, da dann einer Verbreitung wieder Tor und Tür geöffnet wäre. Beim Erreger der Tollwut handelt es sich um ein sogenanntes Rhabdovirus, das nur durch einen Biss oder durch den Kontakt mit dem Speichel infizierter Tiere mit anderen offenen Wunden übertragen werden kann. Alle Säugetiere – auch der Mensch – können sich mit dem Tollwutvirus infizieren. Der Hauptüberträger der Tollwut in Europa ist der Fuchs. In vielen fernen Reiseländern hingegen sind es vor allem tollwutinfizierte Haustiere, die auch dem Touristen gefährlich werden können.

Nach einer recht langen Inkubationszeit, die unter Umständen auch mehrere Monate dauern kann und während der keine Symptome festzustellen sind, erkranken die Tiere in einem typischen Verlauf: Im ersten Stadium sind die erkrankten Hunde sehr scheu und schreckhaft. Interessanterweise verhält sich dies übrigens bei Wildtieren genau umgekehrt – ein an Tollwut erkranktes Wildtier wird plötzlich sehr vertraut und zutraulich.

Tollwutfreiheit – Impffreiheit?

Auch wenn Deutschland schon seit Jahren als tollwutfrei gilt, so ist die Impfung auch weiterhin dringend zu empfehlen und vor allem für Auslandsreisen mit dem Hund in alle Länder zwingend vorgeschrieben. Ein Impfzwang besteht jedoch in Deutschland nicht.

1 bis 2 Tage später kommt es dann zur typischen Aggressivität ohne irgendwelche erkennbare Ursachen. Daran anschließend steht bereits das finale Stadium, das gekennzeichnet ist durch Lähmungen über den gesamten Körper. Der Tod tritt im Allgemeinen etwa 1 Woche nach Beginn der Symptome ein, und nur in dieser Phase ist der an Tollwut er-

krankte Fuchs – oder ein anderes Tier – auch Überträger der Erkrankung.

Die Tollwut ist in Deutschland anzeigepflichtig – wenn Sie also ein erkranktes Tier haben oder sehen, dann melden Sie es bitte unbedingt dem Amtstierarzt. Auch Hunde und Katzen, die Kontakt mit einem tollwütigen Tier hatten und nicht geimpft sind, müssen dem Amtstierarzt gemeldet werden. Dieser entscheidet dann über den weiteren Verlauf. Meist kommt es zur Euthanasie von ungeimpften Tieren nach Tollwutverdacht. Bei geimpften Tieren dagegen kann eine Quarantäne ausgesprochen werden, während der die Tiere häuslich überwacht werden müssen und nicht mit anderen Tieren in Kontakt kommen dürfen. Ist ein Tier jedoch nachweislich an Tollwut erkrankt, so muss es eingeschläfert werden, denn die Therapie erkrankter Tiere ist hierzulande gesetzlich verboten.

Gerade Jagdhunde im jagdlichen Einsatz müssen zur Vermeidung von Infektionskrankheiten regelmäßig geimpft werden.

Bakterielle Erkrankungen

Neben den durch Viren übertragenen Krankheiten gibt es noch eine weitere Gruppe von Infektionskrankheiten, nämlich diejenigen, die durch Bakterien ausgelöst werden. Im Gegensatz zu allgemeinen bakteriellen Infektionen – also beispielsweise solchen, bei denen Eitererreger Wunden infizieren, oder bakteriellen Infektionen einzelner Organe wie etwa einer Blasenentzündung oder einem Magen-Darm-Infekt – gibt es bakterielle Infektionskomplexe, bei denen eine prophylaktische Impfung möglich ist. Ihnen wollen wir uns als Erstes widmen.

Denken Sie auch bei Ihrem Hund daran, dass Sie immer frisches Wasser zur Verfügung stellen. Auch das ist ein Weg, um zu vermeiden, dass der Hund beim Saufen aus Pfützen möglicherweise Leptospiren zu sich nimmt.

Leptospirose

Die Leptospirose wird durch sogenannte Schraubenbakterien, die Leptospiren, ausgelöst. Diese Bakterien sind sehr gut bei feuchtwarmem Wetter überlebensfähig und können fast überall vorkommen, vor allem aber in Pfützen und an Wassergräben. Bei Trockenheit sterben die Leptospiren jedoch sehr schnell ab. Dies ist mit ein Grund, warum in meiner Praxis in den warmen Frühsommermonaten und im warmen September und Oktober die meisten Leptospirosefälle vorkommen. Erkrankte Hunde, aber auch Ratten und Mäuse scheiden die Erreger mit dem Urin und mit dem Speichel aus.
Hunde können die Erreger durch direkten Kontakt mit erkrankten Tieren oder durch intensives Beschnüffeln von mit Erregern belasteten Exkreten aufnehmen. Auch das Trinken von belastetem Wasser und Baden in mit Leptospiren verunreinigtem Wasser können eine Infektion verursachen. Die Schraubenbakterien werden dabei dann zum Beispiel durch die Schleimhäute des Mundes aufgenommen und befallen nach der Vermehrung im Blut dann die Leber, die Niere und das Herz.
Woran erkenne ich nun einen Leptospirose-Patienten?
Meist beginnt die Erkrankung nach einer Inkubationszeit von ungefähr 1 Woche mit starkem Erbrechen und Durchfall. Häufig zeigen sich zugleich im Blutbild eine erhöhte Anzahl der weißen Blutkörperchen als Anzeichen einer Entzündung, eine verminderte Anzahl der roten Blutkörperchen sowie erhöhte

Gut zu wissen

Um einen Impfschutz gegen die Leptospirose aufrechtzuerhalten, muss gegen
diese Krankheit konsequent jährlich
geimpft werden.

Leber- und Nierenwerte. Die Organwerte können dabei so extrem erhöht sein, dass man
fast geneigt ist, von einem totalen Nierenversagen zu sprechen. Dabei ist der Allgemeinzu-
stand der Tiere zwar schon apathisch und geschwächt, aber absolut nicht so, dass er
einem Nierenversagen entsprechen würde.
Dies ist eigentlich ein recht markantes Anzeichen der Krankheit und für den erfahrenen
Tierarzt gut erkennbar. Er wird dem Patienten
dann zum einen Infusionen verabreichen, um
die Gefahr der Austrocknung abzuwenden,
und ihm Antibiotika verordnen.
Zumeist muss der Hund über einen Zeitraum
von 1 Woche oder länger sehr intensiv betreut
und rund um die Uhr überwacht und weiter
untersucht werden, sodass sich meist ein

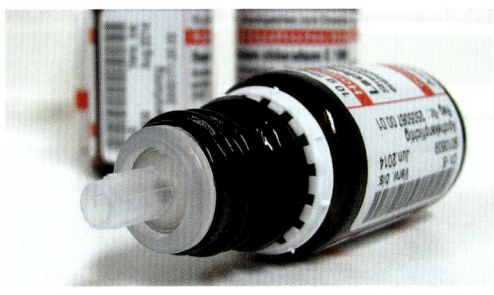

Homöopathische Notfallmedikamente gehören in
den Arzneischrank eines jeden Hundehalters.

Klinikaufenthalt nicht vermeiden lässt. Dazu
kommt, dass wegen des meist auch in dieser
Zeit anhaltenden Erbrechens eine Nahrungs-
aufnahme meist nicht möglich ist, sodass der
Hund an eine Infusion angeschlossen werden
muss.
Sobald sich die Blutwerte durch die Therapie
gebessert haben und der Brechreiz nicht
mehr vorhanden ist, kann dann wieder mit
der oralen Ernährung begonnen werden. Aufgrund der angegriffenen Leber und Nieren
sollte jedoch über ungefähr 1 Monat auch
weiter eine spezielle Schonkost gefüttert werden, die der Hund am besten in kleinen und
häufigen Portionen zu sich nehmen sollte. Ihr
Tierarzt wird Ihnen dazu ein kommerzielles
Diätfutter empfehlen, das dem Patienten
rasch wieder auf die Beine hilft. Zugleich gilt
ein absolutes Verbot von Leckerlis oder anderen womöglich gar fetthaltigen Extras wie
Schweineohren oder Kauknochen.
Da andere Hunde sich durch den direkten
Kontakt mit einem an Leptospirose erkrankten Tier anstecken können, ist bei einer Mehr-
hundehaltung besondere Vorsicht geboten.
Strikte Hygiene und vor allem die Vermeidung
des Schnüffelns an den Exkreten des erkrankten Hundes sind unbedingt empfehlenswert.
Auch Menschen können sich mit Leptospiren
infizieren, und die Leptospirose der Menschen gehört zu den amtlich meldepflichtigen
Erkrankungen. Die meisten Menschen erkranken jedoch beim Baden in verunreinigten
Gewässern und nicht durch den Kontakt mit
einem infizierten Hund. Dennoch ist auch hier
vorsichtshalber eine besonders sorgfältige
Hygiene zu beachten.

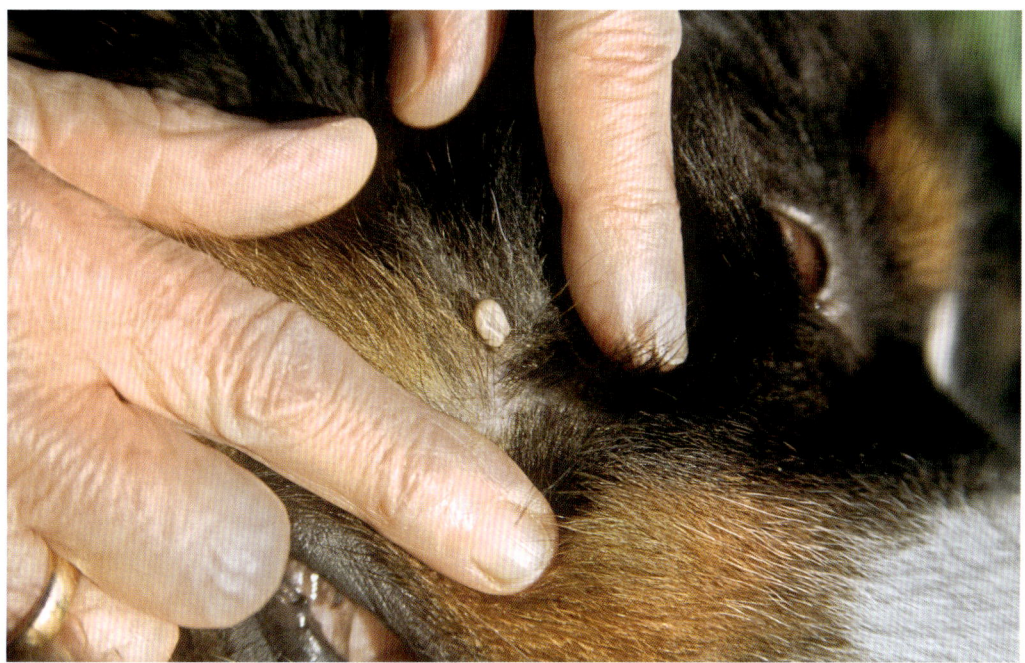

Wenn Sie dann doch eine vollgesogene Zecke bei Ihrem Hund finden, muss sie mit einer geeigneten Zeckenzange vollständig entfernt werden.

Um Ihren Hund wirksam vor der Leptospirose zu schützen, sollte er jährlich dagegen geimpft werden. Selbst wenn die Impfung nicht gegen alle Leptospirenstämme absolut sicher wirkt, so hilft sie doch gegen sehr viele davon und trägt bei den anderen Stämmen dazu bei, dass die Krankheit einen weniger heftigen Verlauf nimmt.

Borreliose

Alle Jahre wieder warnen im Frühling die Humanmediziner vor Zecken und den Krankheiten, die diese kleinen Plagegeister über-

tragen. Und das gilt natürlich im gleichen Maße auch für unsere Vierbeiner.

Sind wir Menschen vor allem durch die Viruserkrankung FSME (Frühsommermeningoenzephalitis) gefährdet, gegen die wir uns impfen lassen können, so sind es bei den Hunden die Borreliose und die Babesiose, die durch Zecken übertragen werden. Auf die Babesiose werde ich bei den Reisekrankheiten (siehe S. 39) noch näher eingehen.

Bekannt ist hierzulande vor allem die Borreliose, die sich in letzter Zeit über ganz Deutschland verbreitet hat. Borrelien sind – genau wie die Leptospiren –Schraubenbakterien. Auch bei der Borreliose kennen wir verschiedene Stämme. Zuerst wurde die Borreliose in einer amerikanischen Kleinstadt namens Lyme von einem Forscher namens Burgdorfer beschrieben, weshalb die Erkrankung auch als Lyme-Borreliose und der damals gefundene Erregerstamm als *Borrelia burgdorferi* bezeichnet wird.

Der Überträger der Bakterien, d. h. der Borrelien, sind infizierte Zecken, genauer gesagt Schildzecken. Die Borrelien leben in einer inaktiven Form in diesen Zecken so lange, bis diese bei ihrem Wirt, also Hund, Mensch oder einem anderen Individuum, Blut gesaugt und dieses in ihren Darm aufgenommen haben. Durch einen im Blut des Wirts vorhandenen Stoff wandeln sich die Borrelien in eine aktive Form um und wandern dann in den betreffenden Wirt. Dieser Vorgang, vom Blutsaugen bis zum Einwandern in den Wirtsorganismus, dauert mindestens 2 Stunden, sodass bei frühzeitiger Entfernung der Zecke keine Borreliose entstehen kann.

Kommt es zum Eindringen der Borrelien, so zeigen sich nach Ablauf einer mindestens 6-wöchigen Inkubationszeit unspezifische Symptome, was es schwierig macht, die Krankheit zu erkennen. So treten meist wechselnde Lahmheiten auf – mal humpelt der Hund vorne links, mal hinten rechts. Aber es können auch ganz andere unspezifische Symptome vorkommen – möglicherweise ist der Hund apathisch oder einfach nicht mehr so leistungsfähig. Ob sich der Verdacht auf Borreliose bestätigt, kann man zu diesem Zeitpunkt bereits über eine Blutuntersuchung feststellen.

Vielfach passiert es aber auch, dass man als Halter den Leistungsabfall zunächst ganz anderen Ursachen zuschreibt und gar keinen weiteren Verdacht hegt, bevor dann erst Monate später die Lahmheiten auffallen, die meist als Folge einer Gelenkentzündung auftreten. Manche besorgte Tierhalter sind daher dazu übergegangen, vor allem zu Beginn des Winters bei ihrem Hund routinemäßig eine Blutuntersuchung durchführen zu lassen, um sicherzugehen, dass ihr Hund sich nicht in den vorangegangenen warmen Monaten mit Borreliose infiziert hat. Eine antibiotische Therapie ist jedoch nur nach positivem Bluttest, also mindestens 6 Wochen nach dem Biss einer infizierten Zecke sinnvoll. Die Therapie muss dann über mindestens 4 Wochen durchgeführt und sehr häufig nach einer 3-monatigen Pause wiederholt werden.

Die Borrelien halten sich im Körper an für Antibiotika sehr schwer zugänglichen Stellen auf und sind in der Lage, sich soweit zurückzuziehen, dass auch nach 4-wöchiger Behandlung noch aktive Borrelien übrig bleiben und nach einer längeren Zeit wieder zu einem erneuten Schub führen können. Die engmaschige Kontrolle durch einen Tierarzt muss daher als oberstes Gebot unbedingt durchgeführt werden, um chronische Schäden zu vermeiden. In der Ganzheitlichen Tiermedizin diskutiert man auch die Gabe von Nosoden (Krankheitserregern in homöopathischer Dosis) gegen Borreliose. Doch auch hier ist eine Gabe nur unter der Kontrolle durch einen darin versierten Tierarzt zu empfehlen.

Prophylaktisch wird von einigen Tierärzten eine Impfung des Hundes gegen die Borrelieninfektion mit *Borrelia burgdorferi* empfohlen. Zu beachten ist hierbei jedoch, dass die Impfung nur bei Hunden durchgeführt werden darf, die zuvor sicher keinen Kontakt mit Borrelien hatten, und dass die Impfung zudem auch nur gegen diesen bestimmten Borrelienstamm wirkt. Sie ist auch nicht als Ersatz einer Zeckenprophylaxe zu sehen.

Besser als Therapie ist ganz gewiss die Vermeidung einer Borreliose durch eine gewissenhafte Zeckenvermeidung. Dazu sind unterschiedliche Präparate auf dem Markt. In meiner Praxis empfehle ich die Gabe von sogenannten Repellentien. Darunter versteht man Präparate, die erst gar keinen Biss durch die Zecke zulassen. Alternativ gibt es Präparate der Gruppe der sogenannten Kontaktinsektizide, die erst nach einem Biss unmittelbar ihre Wirkung entfalten und die Zecke direkt nach dem Biss abtöten. Welches Präparat bei welchem Hund die beste Wirkung entfaltet und wie lange seine Wirkdauer bei welchem Hund ist, hängt jeweils vom Einzeltier ab. Auch ist die Verträglichkeit der verschiedenen Präparate bei den einzelnen Hunden nicht gleich. Vor allem Besitzer von Hunden mit einem sogenannten MDR1-Defekt (Australian Shepherds, Hütehunde allgemein) sollten sich besonders beraten lassen.

Auch im hohen Gras besteht für unsere Hunde in den wärmeren Monaten eine Gefahr, sich durch Zecken mit Borrelien zu infizieren.

Reisekrankheiten

Die Angebotspalette für Urlaub mit Hund in In- und Ausland ist mittlerweile sehr groß, und es ist recht unkompliziert, seinen Vierbeiner auf die Reise mitzunehmen. Aber an was muss man vor einer solchen Reise denken, um unbeschwert und erholt zurückzukommen? Zuerst wären da einmal die Einreisebestimmungen der verschiedenen Länder. Die meisten sind durch einen gültigen Tollwutimpfschutz und einen europäischen Heimtierpass bereits erfüllt. Manche Länder verlangen zudem besondere Einreisevoraussetzungen, etwa einen Tollwuttiter oder anderes. Genauere Informationen dazu erhält man beim ADAC oder auf der Internetseite www.petsontour.de.

Prophylaxe

Wichtig ist immer eine gute Prophylaxe der im Folgenden beschriebenen Reisekrankheiten. Leider kommen diese heute nicht mehr nur in den eigentlichen Reisegebieten vor, sondern wurden durch häufige Hundeurlaube und die Vielzahl an Flugreisen auch bereits in weite Teile Deutschlands importiert. Stechfliegen und Mücken gelten zwar bei den Fluggesellschaften nicht als blinde Passagiere, sind

Um mit Ihrem Hund am Strand auch in fernen Ländern einen unbeschwerten Urlaub verbringen zu können, ist ein informatives Gespräch vorab mit Ihrem Tierarzt zur Vorbeugung gegen Reisekrankheiten notwendig.

aber ungebetene Gäste, die auf dem jeweiligen Zielflughafen mit aussteigen und auch hier einheimische Hunde infizieren können. Weiterhin sind diese Erkrankungen bei Hunden zu finden, die zumindest einige Zeit in südlichen Ländern verbracht haben. Wichtig ist daher bei diesen Krankheiten, die vor allem durch Insekten übertragen werden, dass man einen guten Schutz für seinen Hund gegen diese Plagegeister schafft.

Es gibt Halsbänder, aber auch Spot-on-Präparate, die gut vor Stechfliegen und somit vor der Infektion durch Krankheiten schützen, die durch sie übertragen werden. Vor allem bei Reisen in Länder des Mittelmeerraums sollten Sie Ihren Hund unbedingt dementsprechend ausrüsten. Diese speziellen Präparate bekommen Sie mit einer guten Beratung ausschließlich bei Ihrem Tierarzt.

Die auf diesem Bild gut sichtbaren weißen Anteile des Auges sind bei fortgeschrittener Babesiose gelblich.

Babesiose

Eine der vor allem in südlichen Ländern auftretenden Erkrankungen, die mittlerweile auch häufiger in Deutschland vorkommt, ist die Piroplasmose oder Babesiose. Der Erreger dieser Erkrankung ist ein ausschließlich mikroskopisch zu erkennender Einzeller, der hauptsächlich durch Zecken übertragen wird. Die Inkubationszeit, also die Zeit zwischen der Übertragung und den ersten Symptomen, beträgt zwischen 1 und 3 Wochen. In dieser Zeit vermehren sich die Einzeller in den roten Blutkörperchen des infizierten Tieres und führen dann durch Zerstörung der roten Blutkörperchen zu einer schweren Blutarmut. Nach

einer ersten Phase mit einer teilweise noch recht milden Blutarmut kommt es nach ungefähr weiteren 2 Wochen zu einer erneuten Vermehrung mit einer deutlich ausgeprägten Blutarmut.

Was können Sie als Besitzer nun bei Ihrem Hund erkennen: Verursacht durch die Blutarmut durch die Zerstörung der roten Blutkörperchen kommt es im Laufe der Erkrankung zu einer Gelbfärbung aller Schleimhäute und zu einer roten Verfärbung des Urins. Meist ist die Körpertemperatur des Hundes sehr stark erhöht – Werte bis zu 42 °C sind keine Seltenheit. Bei der Untersuchung des Hundes durch einen Tierarzt werden dann außerdem meist noch eine vergrößerte Milz und eine geschwollene Leber festgestellt. Der Tierarzt wird dann durch eine spezifische Blutuntersuchung die Diagnose der Babesiose bestätigen und den Hund sodann symptomatisch behandeln.

Bei sehr weit fortgeschrittener Erkrankung kommen auch Todesfälle vor, wobei besonders häufig Welpen, Jungtiere und geschwächte vorerkrankte Tiere betroffen sind. In einigen Fällen ist dann eine Blutübertragung die einzige Möglichkeit, um Ihr Tier zu retten. Dazu gibt es in beinahe allen großen Städten Blutbanken, in denen Blutkonserven für Tiere vorgehalten sind, die vom behandelnden Tierarzt angefordert werden können. Eine Therapiemöglichkeit für Sie als Besitzer besteht bei dieser Erkrankung nicht.

Da Babesiose, wie eingangs erwähnt, mittlerweile auch in Deutschland gehäuft auftritt, ist auch hierzulande eine gute Zeckenbekämpfung mit Präparaten, die Sie bei Ihrem Tierarzt erhalten, dringend zu empfehlen.

Reisevorbereitung für den Hund

Insbesondere bei Reisen in südliche Länder sollten Sie gemeinsam mit Ihrem Tierarzt rechtzeitig vor dem Urlaub beraten, vor welchen Krankheiten Sie Ihren Hund durch entsprechende Präparate schützen können. Gerade die Mittelmeerländer beherbergen zahlreiche Insekten, die Ihren Hund mit unterschiedlichen Krankheiten infizieren können und gegen die Sie Ihr Tier unbedingt schützen sollten. Bedenken Sie, dass die Prophylaxe teilweise schon einige Wochen vor Reisebeginn angefangen werden muss.

Leishmaniose

Im Gegensatz zur zuvor beschriebenen Babesiose wird die Leishmaniose bislang nur in wenigen Einzelfällen bei Hunden gefunden, die nicht zuvor in südlichen Ländern waren. Aber auch hier ist zu befürchten, das die Krankheit durch die Einschleppung der Sandmücke, auch Sandfliege genannt, die als Überträger der sogenannten Leishmanien (Einzeller) gilt, früher oder später gehäuft in Deutschland ankommt.

Die Leishmaniose des Hundes zeigt sich in zwei verschiedenen Formen, die jedoch häufig auch gemeinsam auftreten: Zum einen die sogenannte Hautform und zum anderen die sogenannte viszerale Form, also eine Ausbreitung der Erkrankung in den inneren Organen. Die Zeit bis zum Auftreten der ersten Symptome schwankt bei dieser Erkrankung in sehr großen Zeiträumen zwischen 1 und 18 Monaten.

Bei der **Hautform** werden vor allem zu Beginn nicht juckende haarlose Stellen im Bereich des Nasenrückens, an den Ohren und um den Augenbereich herum beobachtet. Diese können sich im weiteren Verlauf der Erkrankung über den gesamten Körper hin ausbreiten. Die Haut ist dabei schuppig und trocken – ein Juckreiz kommt erst im weiteren Verlauf durch die nachfolgende bakterielle Besiedelung und Entzündung dazu.

Blutiger Urin, Erbrechen und Durchfälle sind dagegen meist die Symptome der **viszeralen Form**. Häufig sind hierbei auch blasse Schleimhäute als Folge einer Blutarmut zu beobachten. Eine starke Abmagerung und

Apathie des Hundes sind die Folge, und einige Hunde sterben dann als Spätfolge dieser Erkrankung manchmal erst Monate später aufgrund der allgemeinen zunehmenden Schwäche. Bei weniger dramatischen und ausgeprägten Formen können auch nur einzeln veränderte Hautstellen, Müdigkeit und Abmagerung beobachtet werden.

Wenn Sie den Verdacht haben, Ihr Hund könnte unter einer Leishmaniose leiden, so ist eine Blutentnahme durch den Tierarzt mit einer Untersuchung in einem für Reisekrankheiten ausgestatteten Labor unumgänglich. Therapeutisch ist bei der Leishmaniose nur in den seltensten Fällen eine vollständige Heilung herbeizuführen – meist ist eine lebenslängliche engmaschige tierärztliche Therapie und Überwachung des Hundes angezeigt. Dies gilt es auch dann zu beachten, wenn man einen der vielen aus der Not heraus geretteten Hunde aus südlichen Ländern adoptieren möchte. Will man nicht von vornherein einen »Pflegefall« übernehmen, ist die Untersuchung auf Leishmaniosefreiheit absolut notwendig.

Wenn Sie gemeinsam mit Ihrem Hund in ein leishmaniosegefährdetes Gebiet verreisen möchten, sollten Sie sich für Ihren Hund ein Insektizid in Form eines Spot-on-Präparates oder eines Halsbandes zulegen. Sie verhindern oder zumindest vermindern so den Befall mit den übertragenden Sandmücken, sodass es im besten Fall gar nicht erst zu einer Leishmanienübertragung kommen kann.

Und der Mensch …? Auch Sie selbst sollten unbedingt Vorsicht im Hinblick auf die Leishmaniose walten lassen. Besonders Per-

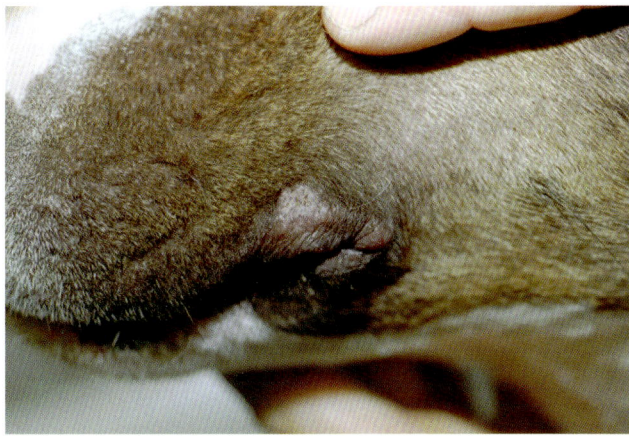

Hautveränderungen im Maulbereich können auf eine Leishmaniose zurückzuführen sein.

sonen mit verminderten Abwehrkräften können sich sowohl über Hautwunden als auch durch den Stich infizierter Sandmücken mit den Leishmanien infizieren und daran erkranken. Vor allem Kinder, Senioren, Tumorpatienten und Personen mit geschwächtem Immunsystem sollten besonders vorsichtig sein und zum Beispiel beim Umgang mit infizierten Hunden Handschuhe tragen.

Ehrlichiose

Eine weitere typische Reisekrankheit ist die Ehrlichiose – eine bakterielle Erkrankung mit dem Bakterium *Ehrlichia canis*, das wiederum vor allem im Mittelmeerraum sehr stark verbreitet ist.

Seit einiger Zeit wird die Ehrlichiose jedoch auch bei Hunden gefunden, die nie im südlichen Ausland waren, sodass hier, genau wie

Dass es sich hierbei um einen lebensfrohen, wasserfreudigen Hund handelt, der sicher keine Erkrankungen aufweist, ist unschwer zu erkennen.

bei der Babesiose, davon ausgegangen werden kann, dass diese Erkrankung mittlerweile auch in Deutschland als heimisch einzustufen ist.

Auch hier ist es wieder eine Zeckenart, die das Bakterium auf den Hund überträgt. Nach

Mein besonderer Tipp

Der beste Schutz vor Reisekrankheiten ist die umfassende und frühzeitige Prophylaxe gegen Zecken, Sandmücken und die Herzwurmerkrankung.

einer Inkubationszeit von wenigen Tagen bis zu 3 Wochen haben die Hunde meist zu Beginn einige Tage sehr hohes Fieber (bis zu 41 °C), das dann wieder verschwindet und nach ein paar Tagen erneut ansteigt. Dieser typische Verlauf – ansteigendes und abfallendes Fieber – kann eine ganze Zeit vorherrschen und selbst über mehrere Wochen und Monate beobachtet werden. Blutarmut und somit blasse Schleimhäute, geschwollene Lymphknoten, Augen- und Nasenausfluss, Durchfälle, Lahmheiten der Hintergliedmaßen sowie Muskelzuckungen sind weitere Befunde, die bei einem Ehrlichiosehund beobachtet werden können.

Auch hier gilt: Wenn Sie das Gefühl haben, Ihr Hund könnte sich mit Ehrlichiose infiziert haben, kann Ihr Tierarzt dies nur durch eine Blutuntersuchung abklären. Sollte sich Ihr Verdacht bestätigen, wird der Tierarzt dem Hund ein Antibiotikum verordnen, das – über eine längere Zeit verabreicht – bei einer akuten Ehrlichiose auch zur vollständigen Heilung führt.

Sollte die Ehrlichiose dagegen schon länger bestehen, so besteht die Gefahr, dass der Hund zwar durch das Antibiotikum zunächst wieder gesund wird, jedoch kann die Krankheit schubweise immer wieder auftreten.

Auch bei dieser Erkrankung ist die beste Vorbeugung ein geeigneter Zeckenschutz, um eine Übertragung der Bakterien erst gar nicht möglich zu machen.

Dirofilariose

Die letzte typische Reisekrankheit, die hier aufgeführt sein soll, ist die sogenannte Dirofilariose oder Herzwurmerkrankung. Wie der deutsche Name vermuten lässt, ist hier der Erreger ein Wurm, der im rechten Herzen und in den großen Lungengefäßen auftritt. Hauptsächlich wird der Herzwurm in den südeuropäischen Ländern, in Amerika und in Afrika gefunden.

Die Larven des Herzwurms werden durch Stechmücken übertragen, sodass die beste Prophylaxe neben speziell gegen den Herzwurm wirkenden Vorbeugemedikamenten in einem optimalen Insektenschutz besteht. Speziell gegen den Herzwurm wirkende Medi-

kamente müssen den Hunden vor, während und einige Zeit nach einer Reise in gefährdete Gebiete verabreicht werden, um eine sichere Wirkung gegen eine Infektion mit *Dirofilaria immitis* verhindern zu können.

Hat der Hund sich trotz dieser Prophylaxe mit dem Wurm infiziert, so zeigt er die klassischen Symptome einer schweren Herzerkrankung – Leistungsschwäche, Atemnot, Husten und lange Beruhigungsphasen. Tierärztlich lässt sich eine Infektion allerdings erst ungefähr 6 Monate nach einer Infektion mithilfe einer Blutuntersuchung feststellen. Zeitgleich ist der Herzwurmbefall dann auch über eine Ultraschalluntersuchung des Herzens sichtbar.

Es gibt zwar Medikamente gegen den Herzwurm, doch ist die Gefahr einer Thrombose durch abgetötete Parasiten in jedem Fall sehr groß. Eine chirurgische Entfernung der Herzwürmer aus dem Herzen gehört zu den seltener in Deutschland durchgeführten Therapien und bleibt sicher Spezialkliniken vorbehalten.

Mein besonderer Tipp

Nicht nur auf Auslandsreisen, sondern auch in heimischen Gefilden gibt es eine Vielzahl von parasitären Infektionsmöglichkeiten durch Insekten. Eine sinnvolle Prophylaxe gegen Mücken, Zecken oder Grasmilben gehört daher auch hierzulande zur umfassenden Gesundheitsvorsorge auf Reisen.

Krankheiten des Nervensystems und der Sinnesorgane

Erkrankungen des Nervensystems und der Sinnesorgane sind vielen von uns aus der Humanmedizin bekannt. Und auch unseren Hunden geht es da nicht anders. Daher wollen wir hier vor allem die Epilepsie und den Schlaganfall behandeln, von denen leider auch unsere Vierbeiner nicht verschont werden. Bei den Sinnesorganen soll es insbesondere um die beiden wichtigsten – nämlich Augen und Ohren – gehen.

Erkrankungen des Nervensystems

Unter dem Nervensystem verstehen wir zum einen den zentralen Teil, also das Gehirn, und zum anderen die weiter davon entfernt liegenden Nerven, die für die Funktion der verschiedenen Organe, die Muskeln und somit auch für den fein koordinierbaren Bewegungsablauf notwendig sind. An dieser Stelle wollen wir uns jedoch nur mit dem zentralen Nervensystem und dort mit der Epilepsie und dem Schlaganfall beschäftigen.

Epilepsie

Immer wieder kommt es vor, dass Hundehalter plötzlich feststellen, dass ihr Hund – meist aus der totalen Ruhe heraus – sehr unruhig wird, in vielen Fällen zu speicheln beginnt und die Gliedmaßen anfangen sich zu verkrampfen, teils vollständig, teils mit unwillkürlichen Zwangsbewegungen, fast so, wie wir sie von unseren Hunden auch während eines aufregenden Traumes her kennen. Im Unterschied zum Traum können Sie jedoch den Hund nicht aufwecken, und der Hund wird Sie mit weit aufgerissenen Augen anschauen, ohne dabei ansprechbar zu sein. Jaulen, vermehrter Speichelfluss, unfreiwilliger Urin- und Kotverlust können noch hinzukommen.

Wenn das passiert, dann hat Ihr Hund einen sogenannten **epileptiformen Anfall** – einen Anfall, der aussieht wie eine Epilepsie. Nach wenigen Minuten hört dieser beängstigende Zustand dann mehr oder weniger genauso schnell wieder auf, wie er gekommen ist. Unser Vierbeiner braucht dann meist bei einem ersten Auftreten noch so ungefähr eine halbe Stunde, bis er wieder ganz der Alte ist. Der dann eilig herbeigerufene Tierarzt wird dann in beinahe allen Fällen weitgehend unverrichteter Dinge wieder nach Hause fahren, da der eigentliche Anfall vorüber und eine exakte Diagnose nur in der Praxis möglich ist.

In seltenen Fällen jedoch ist die Erholung vom ersten Anfall noch gar nicht ganz beendet, und schon deutet sich der folgende Anfall an. Ein Zustand, in dem ein Anfall dem nächsten folgt, nennt sich **status epilepticus** und gehört zu den tierärztlichen Notfällen, denn hier ist eine massive therapeutische Intervention nötig, um das Tier wieder aus dieser Anfallserie herauszuholen. Unter Umständen wird der Tierarzt den betroffenen Hund in eine Narkose versetzen, um den hohen Muskeltonus herabzusetzen und den Krampfzyklus zu unterbrechen.

In Fällen, in denen nur ein einziger Anfall auftritt, wird der Tierarzt vor allem bemüht sein, die eigentliche Ursache der Epilepsie zu ermitteln. Neben Leber- und Nierenfunktionsstörungen können auch zum Beispiel Herzoder Lungenerkrankungen durch eine dabei auftretende Sauerstoffarmut diese Art von Anfällen auslösen. In solchen Fällen kann die Behandlung der Grunderkrankung die Anfälle in Zukunft vermeiden helfen.

Manchmal ist jedoch bei Ihrem Tier alles nor-

Auch ein Epileptiker kann bei guter Medikamenteneinstellung ein fröhliches und aktives Leben führen.

mal – keine Organerkrankung, keine feststellbaren Blutwertverschiebungen. In solchen Fällen liegt die Ursache meist direkt in einer Gehirnfunktionsstörung, und wir sprechen von der **eigentlichen Epilepsie.**
Bisweilen tritt die Epilepsie bereits im Alter von 1 Jahr auf. Meist gab es bei genauer Betrachtung dann auch unter den Vorfahren des Hundes schon Epileptiker. Da bei der Epilepsie eine Vererbbarkeit nie ganz ausgeschlossen werden kann und wir bei einigen Rassen diese Erkrankung gehäuft vorfinden, sollte mit einem Epileptiker keinesfalls weitergezüchtet werden.

Die Behandlung der Primären Epilepsie, wie diese Form bezeichnet wird, die ihren Ursprung direkt in einer Hirnfunktionsstörung hat, ist leider meist nur mit einer lebenslangen Medikamentengabe möglich. Da es sich dabei um häufig sehr stark leberschädigende Produkte handelt, ist unter der Therapie nicht nur eine ständige Kontrolle der Medikamentenkonzentration im Blut notwendig, sondern es ist auch eine halbjährliche Blutuntersuchung der Leberenzyme angezeigt. Nur so ist es möglich, eine auftretende Leberschädigung früh genug zu erkennen, um schützend eingreifen zu können.

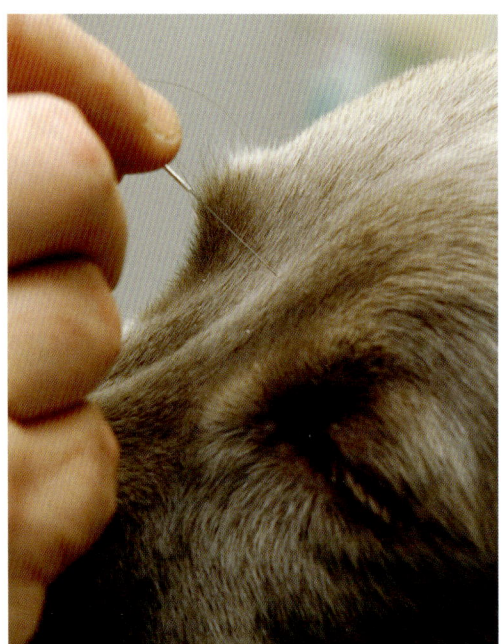

Auch bei der Epilepsie sind zum Teil großartige Erfolge durch die Akupunktur möglich. Adressen der Akupunkturtierärzte finden Sie bei der Gesellschaft für ganzheitliche Tiermedizin (GGTM) im Anhang.

Aus der Komplementärmedizin sind inzwischen ebenfalls Ansätze in der Behandlung bekannt. Ob im speziellen Fall jedoch Aku-

punktur, Homöopathie oder Bioresonanz eingesetzt und was damit im Einzelfall erreicht werden kann, sollte von einem darauf spezialisierten Tierarzt entschieden werden.

Apoplex (Schlaganfall)

Besonders in zunehmendem Alter kann es auch bei einem Hund zum gefürchteten Schlaganfall kommen. Wenn Ihr Hund plötzlich mit deutlich schief gehaltenem Kopf auf Sie zukommt, sich dabei kaum stabil auf den Beinen halten kann und im schlimmsten Fall sich die Augen des Hundes ohne Pause von links nach rechts bewegen, dann sollten Sie nicht zögern und Ihren Hund zum Tierarzt bringen. Der Tierarzt wird nach Ausschluss anderer Erkrankungen die Diagnose Apoplex stellen.

Aber keine Panik – meist ist es nicht so dramatisch wie in der Humanmedizin, und eine Heilung beziehungsweise eine Verbesserung der Symptome bis auf übrigbleibendes Schiefhalten des Kopfes ist in den meisten Fällen möglich. Der Tierarzt wird Ihren Hund unter durchblutungsfördernde Medikamente setzen, die der Patient dann sein Leben lang zu sich nehmen muss. Ursache des Apoplex sind meist Sauerstoffminderversorgungen des Gehirns, die durch Gefäßverengungen ausgelöst werden und aus denen Schädigungen von Hirn- und Nervenanteilen entstehen. Eine regelmäßige, mindestens einmal jährliche Gesundheitsuntersuchung minimiert bei älteren Tieren die mit dem Seniorenalter im Zusammenhang stehenden Risiken.

Schlaganfall

Das »Gewitter im Gehirn« gibt es auch beim Hund. Aber keine Angst – für den Hund stehen zahlreiche Medikamente zur Verfügung, die in der Lage sind, ein gutes Leben für Sie und Ihren Vierbeiner zu ermöglichen.

Augenerkrankungen

Akute Erkrankungen der Augen kommen beim Hund nicht selten vor. Vor allem Schmutz, dorniges Gestrüpp, beim Buddeln aufgeworfener Sand, Pollen, Äste und sonstige Fremdkörper stellen eine immer wieder auftretende Gefahr für die Augen dar. Jedem Hundehalter muss bewusst sein, dass jede Erkrankung am Auge stets ein ernst zu nehmendes Problem darstellt, da der Erhalt der Sehfähigkeit notwendig für ein beschwerdefreies Leben des geliebten Vierbeiners ist. Insofern suchen Sie bei Verletzungen am Auge den Tierarzt lieber einmal zu viel als zu wenig auf.

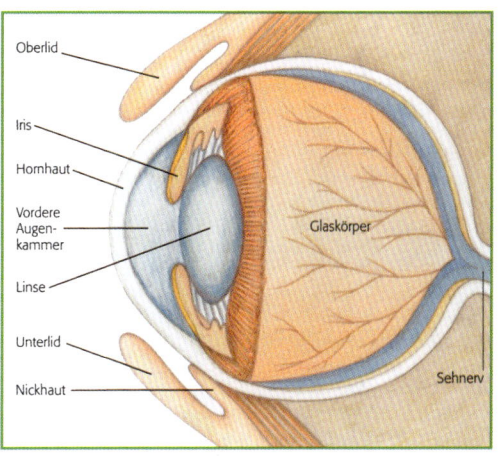

Längsschnitt durch das Auge.

Erkrankungen der Augenlider

Neben angeborenen Erkrankungen der Augenlider, zu denen neben Anomalitäten der Wimpern (nach innen gerichtete Wimpernreihe und einzelne Wimpernhaare in unnatürlicher nach innen gerichteter Stellung) das nach innen eingerollte Augenlid (Entropium) und das nach außen abstehende Unterlid (Ektropium) gehören, kennen wir an den Lidern vor allem verletzungsbedingte Probleme.

Jede Veränderung an den Augenlidern wird Ihnen als besorgtem Hundehalter meist sofort auffallen – entweder durch einen vermehrten Tränenfluss oder aber durch eine sichtbare Verdickung im Bereich der Augenlider.

Bei den angeborenen Lidveränderungen sind vor allem die direkt auf der Hornhaut reiben-

den Wimpernhaare das eigentliche Problem. Die Hornhaut wird dabei durch die andauernde Reibung in ihrer obersten Schicht zerstört und reagiert mit einer deutlichen Trübung. Bei fortdauernder Belastung der Hornhaut kann sogar Blindheit die Folge sein. Bei einer Zusammenhangstrennung der Lider ist es letztendlich auch die ständige Irritation der Hornhaut durch nicht exakt zusammengewachsene Lider. Jede Veränderung an den Augenlidern sollte dementsprechend sofort einem Tierarzt vorgestellt werden, um weitere Komplikationen zu vermeiden.

Bindehautentzündung

Bei einer Bindehautentzündung können Sie als Hundehalter den Schweregrad der Erkran-

Gesundes Auge des Hundes ohne auffällige
Veränderung.

Gerade bei Junghunden kommt es häufig zur
Verdickung des dritten Augenlides.

kung meist recht gut selbst beurteilen, und
zwar anhand der Menge und des Aussehens
des Tränenflusses. Bei einer meist recht
harmlosen Bindehautentzündung ist es nur
ein leicht wässriger Tränenfluss, der Ihnen bei
Ihrem Hund auffällt. Eitrige Beimengungen
oder gar blutige Einfärbungen lassen eher
auf einen schwereren Verlauf oder auf eine
Mitbeteiligung anderer Strukturen des Auges
schließen. Die Bindehaut selbst, die durch
vorsichtiges Herunterziehen des unteren
Augenlides recht gut zu beurteilen ist, sollte
bei einem gesunden Hund frisch rosa gefärbt
sein. Eine deutlich vermehrte Rotfärbung oder
gar eine dunkelrote Färbung lassen immer auf
einen entzündlichen Prozess schließen.
Bei einer Bindehautentzündung darf niemals
die Hornhaut in ihrer Struktur verändert sein.
Der einfachste Weg, um dies beurteilen zu
können, ist die vergleichende Betrachtung mit
den Strukturen des gesunden Auges. Bei ge-
ringstem Zweifel sollte immer ein Tierarzt zu
Rate gezogen werden, da der Tränenfluss

allein kein sicheres Erkennungsmerkmal für
den Schweregrad darstellt.
Oft kann selbst ein Tierarzt erst nach Einfär-
bung der Hornhaut mit einem speziellen Farb-
stoff beurteilen, ob und vor allem welche weiteren Strukturen am Auge zusätzlich betroffen
sind. Kommt Ihr Hund zum Beispiel im Som-
mer nach einem schönen Spaziergang durch
die blühende Wiese mit einem stark geröteten
Auge zurück, kann es zwar zum einen nur
eine Bindehautentzündung, zum anderen jedoch auch eine Verletzung durch einen schar-
fen Grashalm auf der Hornhaut sein, die zu
diesem Erscheinungsbild führt. Eine nicht
sachgerechte Selbstbehandlung birgt hierbei
dann die Gefahr, dass eine vielleicht zurzeit
noch harmlose Veränderung der Hornhaut
zum großen Problem wird und im schlimmsten Fall zur Zerstörung der Hornhaut führt.
Für mich gehören alle Augenerkrankungen
zur Abklärung der Ursache und des Schwere-
grades immer in tierärztliche Hände, um eben
genau diese Gefahren zu vermeiden.

Erkrankungen der Nickhaut

Beim Hund ist im inneren Winkel der beiden Augen ein drittes Augenlid ausgebildet, welches als Nickhaut bezeichnet wird. Die Nickhaut hat eine Schutzfunktion für das Auge im Sinne eines mechanischen und immunologischen Kompetenzzentrums. Hinter dem dritten Augenlid befindet sich eine Vielzahl von kleinen Lymphpartikeln, die die erste Abwehr für die verschiedensten Erreger darstellen. Egal ob Pollen, Viren, Bakterien, Schmutz, Tierhaare oder Ähnliches – alles wird durch das dritte Augenlid erkannt und zu bekämpfen versucht. Ständig kommen neue Toxine hinzu, und die Nickhaut wird so trainiert.

Da Ihr kleiner Welpe beziehungsweise Junghund sich gerade in den ersten Lebenswochen immer wieder mit neuen Bakterien, Viren und anderen Erregern beschäftigen muss, kommt es vor allem in dieser Zeit häufig zu Entzündungen in diesem Bereich. In den meisten Fällen bleibt die Entzündung harmlos auf eine Reizung beschränkt – nur selten passiert es, dass das dritte Augenlid und im Speziellen die dahinter liegenden Drüsen sich so stark vergrößern, dass man von einer Nickhautdrüsenhypertrophie (massive Vergrößerung) spricht. Ist es erst einmal so weit gekommen, wird Ihr Tierarzt Sie dann zu einem Operationstermin auffordern, in dem die vergrößerte Drüse entfernt wird.

Hat Ihr Junghund jedoch nur immer wiederkehrende leichte Reizungen, hilft es meist als Selbsthilfe ein paar Tage lang Euphrasia-Augentropfen mehrmals täglich ins Auge zu träufeln. Verbessert sich dadurch der Zustand

Augenerkrankungen

Alle Verletzungen der Augen gehören unbedingt in die Hand des Fachmanns. Hier gilt die Faustregel: Lieber 10-mal zu viel als einmal zu wenig den Tierarzt aufsuchen!
Einzige Ausnahme ist die leichte Bindehautentzündung mit klarem Ausfluss. Hier sind Spülungen mit Euphrasia-Augentropfen, die Sie in der Apotheke erhalten, häufig ausreichend. Aber auch hier gilt: Wenn sich durch die Tropfen die Entzündung nicht bessert, konsultieren Sie bitte den Tierarzt.

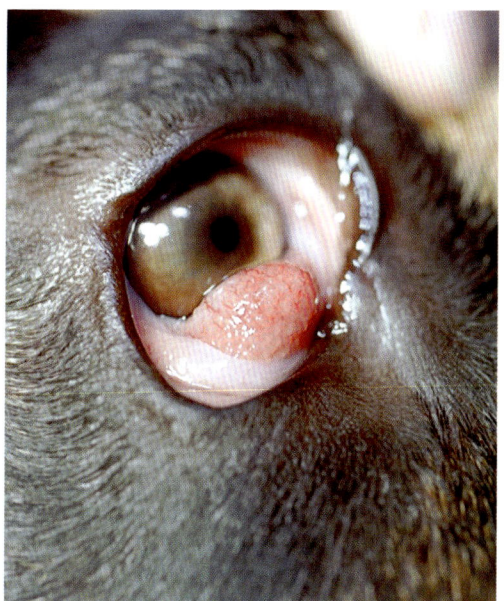

Nickhautdrüsenhyperplasie. Bei der Nickhautdrüsenvergrößerung handelt es sich um eine reaktive Zubildung als Folge einer immunologischen Reaktion auf von außen eindringende Keime.

nicht binnen 3 Tagen, ist jedoch auch in so einem Fall ein Tierarztbesuch unabwendbar. Der Arzt wird dann beide Augen Ihres Hundes gründlich untersuchen und meist eine antibiotikahaltige Salbe verordnen. Die noch vor wenigen Jahren durchgeführte Operation, in der das dritte Augenlid ausgeschabt wurde, gehört zum Glück mittlerweile zu den altertümlichen Behandlungen und ist seit der Entwicklung von sehr guten entzündungshemmenden antibiotikahaltigen Salben meist nicht mehr notwendig. Im Alter von etwa eineinhalb Jahren ist das Thema bei Ihrem Hund sowieso vorbei. Ihr Hund hat sich bis zu diesem Zeitpunkt mit allem, was auf ihn zukommt, einmal beschäftigen müssen, und die Nickhaut ist trainiert für eine gute Abwehrleistung.

Erkrankungen des Tränenapparates

Um die Augenoberfläche, also die Hornhaut, feucht zu halten, produzieren die Tränendrüsen am Auge permanent Tränenflüssigkeit. Um diese ableiten zu können, besitzt jedes Auge an seinem unteren inneren Winkel sogenannte Tränennasenkanäle. Dass die Tränenflüssigkeit durch die Nase abläuft, kennt sicher jeder, der schon einmal weinen musste. Die Nase läuft dabei unweigerlich.

Wenn die produzierte Tränenflüssigkeit zu zäh wird oder die Tränennasenkanäle entzündlich verändert sind, kommt es zum Ablaufen der Tränenflüssigkeit aus dem Auge heraus über das Fell. Meist sind rötliche oder bräunliche Verfärbungen in diesem Bereich deutliche Hinweise darauf. Sollten Sie bei Ihrem Hund dort dementsprechend eine feuchte Verfärbung feststellen, ist es an der Zeit, zum Tierarzt zu gehen, der die Tränennasenkanäle dann spülen wird und somit wieder durchgängig macht.

Leider kommt es besonders bei kurznasigen Hunden wie Pekinese, Mops und Chow Chow bereits unmittelbar nach der Geburt zu solchen Verfärbungen. Als Folge der Kurznasigkeit ist deren Tränennasenkanal verkümmert und der Abfluss der Tränenflüssigkeit über die dafür gedachten Kanäle nicht möglich. Mittlerweile wird jedoch züchterisch versucht, die normalen anatomischen Verhältnisse des Hundes zu erhalten, und die Nase wird wieder züchterisch ein wenig verlängert.

Hornhauterkrankungen

Das Auge, also zumindest der für den Hundehalter sichtbare Anteil davon, wird durch die Hornhaut nach außen abgeschlossen. Die Hornhaut ist dank ihrer Armut an Flüssigkeitseinlagerungen zwischen den Zellen durchsichtig. Hierin liegt bereits ein wichtiger Hinweis für eine eventuelle Erkrankung. Ist die Durchsichtigkeit durch Wassereinlagerungen zwi-

Hornhautverletzungen

Hornhautverletzungen sind ein Notfall – bitte suchen Sie daher unbedingt sofort den Tierarzt auf, um mögliche Folgeschäden zu verhindern.

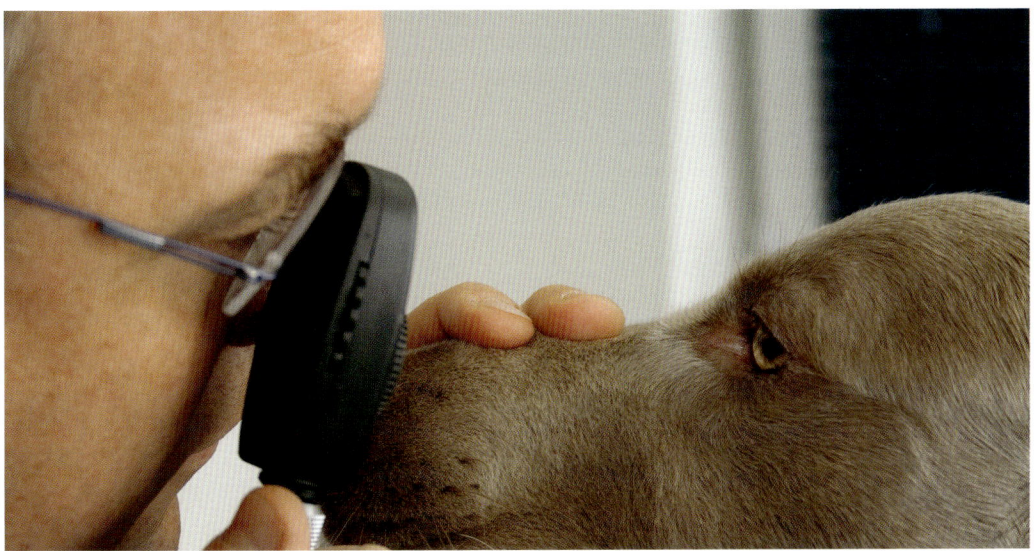

Eine gründliche Augenuntersuchung vom gesamten Auge ist nur durch einen Tierarzt mit Spezialinstrumenten möglich.

schen den Zellen nicht mehr gegeben, liegt entweder eine Zusammenhangstrennung oder eine Entzündung der Hornhaut vor. Beide Fälle müssen unmittelbar einem Tierarzt vorgestellt werden, da eine zerstörte Hornhaut leicht zum Auslaufen des Augenwassers und somit zur vollständigen Zerstörung des Auges führen kann.

Jede Manipulation am Auge, also auch die unfachmännische Verabreichung von Augensalben, kann mechanisch zu einer Hornhautverletzung führen. Auch Äste, scharfe Grashalme oder Beißereien stellen immer eine reale Gefahr für die Hornhaut dar. Wie bereits bei den Lidveränderungen beschrieben, führen die bei den Wimpern- und Lidfehlstellungen erwähnten, zur Hornhaut gerichteten Haare zu einer permanenten Reizung derselben und dadurch

auf lange Sicht auch zur Zerstörung der obersten Schicht. Eine entzündliche Wassereinlagerung und somit eine graue Trübung der Hornhaut sind dann die Folge.

Beobachten Sie bei Ihrem Tier eventuell nach einem Spaziergang ein stark geschwollenes und geschlossenes Auge, das sich auch durch vorsichtiges Auseinanderbewegen der Augenlider nicht öffnen lässt, zögern Sie bitte nicht, in die nächste Notfallsprechstunde eines Tierarztes zu fahren. Ein Fremdkörper, der eventuell zwischen die Augenlider geraten ist, kann über Nacht die Hornhaut so stark reizen, dass unter Umständen nicht nur die oberste Schicht zerstört ist.

Meist ist nach einer solchen Hornhauterkrankung eine sehr lange Salbenbehandlung notwendig und teilweise muss sie sogar beglei-

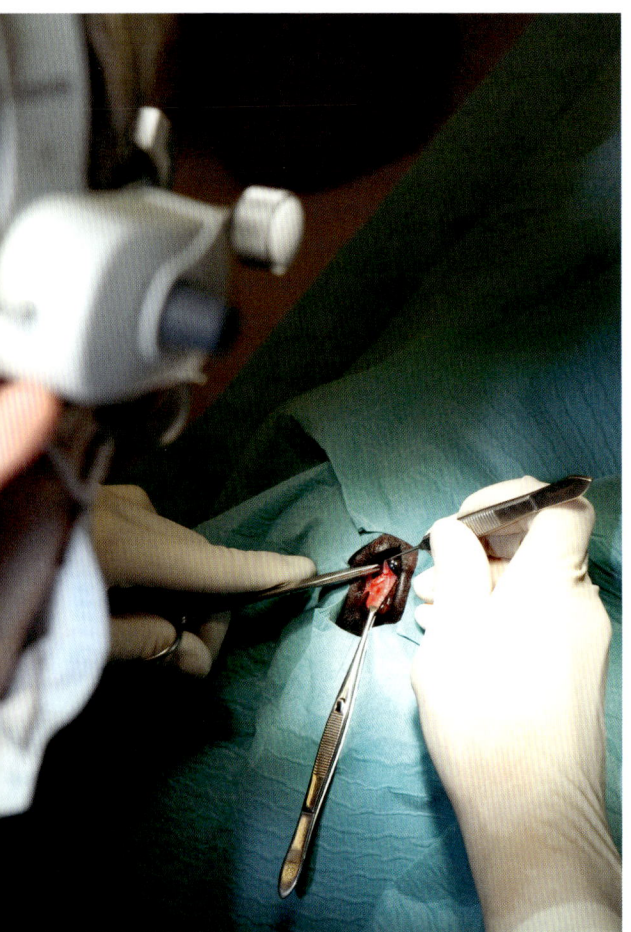

High-Tech in der Tiermedizin, gerade im Zusammenhang mit Augenoperationen gehört mittlerweile zum Standard.

Wenn die Linse trüb wird

Die Linsentrübung, auch Katarakt genannt, kann sowohl altersbedingt als auch genetisch bedingt sein. Zu beheben ist diese Hornhauterkrankung nur operativ.

tend operativ behandelt werden. Bei einer operativen Behandlung wird in den dafür spezialisierten Praxen mit einem Laser die Wunde auf der Hornhaut mit einem Operationsmikroskop versorgt und anschließend das Auge per Naht für einen längeren Zeitraum verschlossen. Die Hornhaut wird unter dieser Abdeckung dann meist so weit abheilen, dass nach dem Fädenziehen eine weitere Salbenbehandlung ausreicht, um die Durchsichtigkeit der Hornhaut wieder zu erreichen.

Linsentrübung

Eine Schicht tiefer als die Hornhaut, für uns meist nur als dunkler Punkt in der Mitte der meist weißen Umrandung zu sehen, liegt die Öffnung, in der die Augenlinse ihren Platz hat. Die Linse ist an einigen Fäden im Inneren des Auges aufgehängt und in der Lage, durch Zug an den Fäden ihre Form zu verändern. Durch diese Formveränderungen kann das Auge seine Sehstärke an weiter entfernte und nahe liegende Objekte anpassen. Auch hier ist die Freiheit von Wasser zwischen den Zellen, die die Linse bilden, Grundvoraussetzung für die Durchsichtigkeit.

Mit zunehmendem Alter wird die Linse in ihrer Verformbarkeit träger, und es kommt eben doch zu Einlagerungen, wodurch die Augen älterer Hunde oftmals eine Linsentrübung aufweisen. Ob es sich jedoch um diese altersbedingte Linsentrübung oder um eine entzündliche Veränderung des inneren Augapfels handelt oder ob die Trübung durch einen Abriss der Haltefäden nach einem Linsenabriss entstand, kann nur ein Tierarzt mit einer speziellen Augenlampe erkennen. Auch bei der Zuckerkrankheit des Hundes, also dem Diabetes mellitus, kann es plötzlich ohne jede Vorwarnung zu einer einseitigen oder beidseitigen Linsentrübung kommen.

Bei einigen Rassen ist eine genetische Linsentrübung, die im Übrigen auch als Katarakt bezeichnet wird, bekannt. Bei diesen Rassen werden die Hunde vor einer Zuchtzulassung auf diesen Katarakt (und andere Augenerkrankungen) untersucht, um diese Krankheit bei den nachfolgenden Welpen möglichst zu vermeiden. Ist bei Ihrem Hund die Linsentrübung so extrem ausgeprägt, dass eine Blindheit zustande kommt, kann man in der modernen Medizin operativ entweder einen Linsenersatz, aber zumindest eine Entfernung der Linse vornehmen lassen. Die beim Menschen in Analogie durchgeführte Operation führt wieder zu einer deutlichen Verbesserung der Sehfähigkeit und somit zum Erhalt der Lebensfreude des Hundes. Die Erkrankung der Linsentrübung wird im Übrigen auch als Grauer Star bezeichnet.

Grüner Star

Die Entstehung eines Glaukoms oder Grünen Stars, wie das Glaukom landläufig auch genannt wird, ist immer ein absoluter tierärztlicher Notfall.

Das ständig nachproduzierte innere Augenwasser kann plötzlich nicht mehr ablaufen und es entsteht dadurch eine extreme Druckerhöhung im betroffenen Auge. Sie werden

Grüner Star

Das Glaukom, auch Grüner Star genannt, zeigt sich durch ein optisch vergrößertes Auge durch erhöhten Augeninnendruck. Diese Erkrankung ist ein absoluter und für den Hund äußerst schmerzhafter Notfall. Suchen Sie bei Verdacht sofort den Tierarzt auf!

es bei Ihrem Hund meist dadurch erkennen, dass der Augapfel sich sehr prall anfühlt, in einigen Fällen sogar den Anschein macht, als wäre das Auge deutlich größer als die andere Seite. Diese Erkrankung ist hoch schmerzhaft. Weitere Symptome, die Sie bei Ihrem Hund erkennen können sind: deutliche Rötung der Bindehäute, starke allgemeine Rötung des ganzen Auges, hochgradiges Schmerzverhalten des Hundes – er verkriecht sich, möchte nicht im Kopfbereich angefasst werden. Durch die immense Druckerhöhung im Auge führt ein Glaukom zur sehr schnellen meist irreversiblen Erblindung des betroffenen Auges.

Der Tierarzt wird in solch einem Verdachtsfall den Augeninnendruck messen und dem Hund Augentropfen geben, die den vorderen Kammerwinkel erweitern, um einen Abfluss des produzierten Wassers zu ermöglichen. Helfen diese Augentropfen nicht, muss auch hier ein operativer Eingriff vorgenommen werden. In jedem Fall müssen nach dem Auftreten einer solchen Erkrankung die Augentropfen sehr konsequent nach Anweisung verabreicht werden.

Erkrankungen der Ohren

Wer kennt es nicht bei seinem Hund: das ewige Kratzen, teilweise Aufschreien bei Berührung und den übel riechenden Geruch aus den Ohren? Beinahe jeder Hundebesitzer hat ab und an im Leben seines Hundes einmal Probleme mit dessen Ohren.

Beim Ohr des Hundes werden, ähnlich wie beim Menschen, drei Teile unterschieden, die jeweils unabhängig voneinander betrachtet werden sollen.

Die häufigsten Erkrankungen der Ohren unserer Hunde betreffen den sichtbaren äußeren Gehörgang.

Krankheiten des äußeren Gehörganges

Als äußeren Gehörgang bezeichnen wir den nach außen offenen Anteil des Ohres, von seinen Behängen bis zum Trommelfell. Anders als bei uns liegt beim Hund das Trommelfell

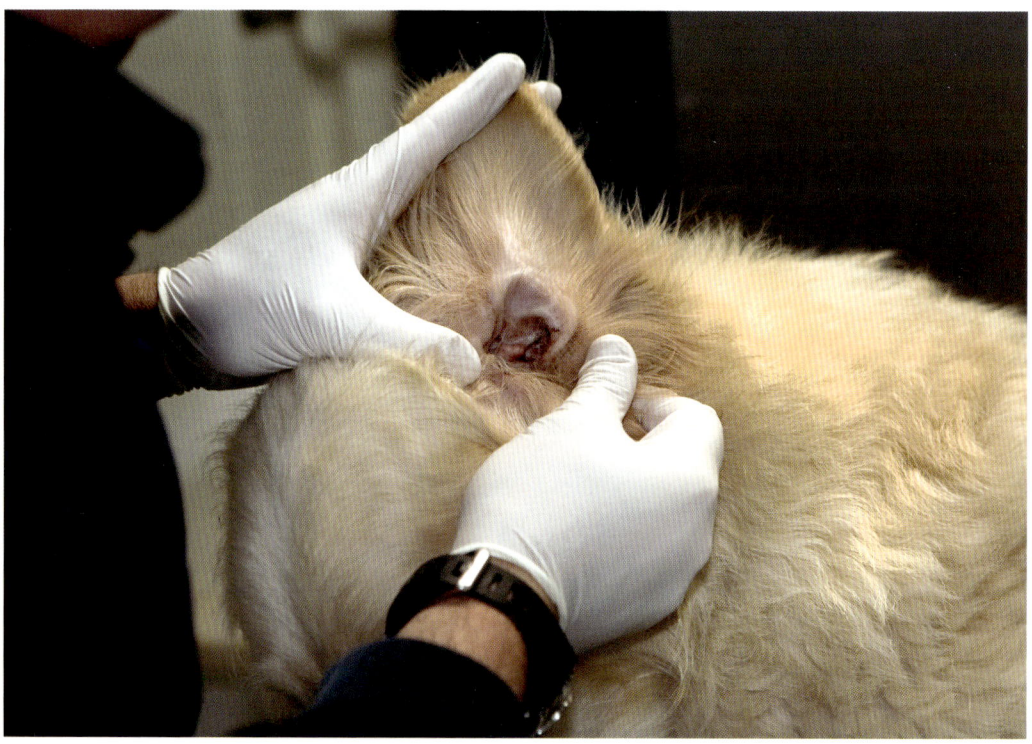

Auffallend bei einer Ohrentzündung sind die schmierigen dunklen Sekretansammlungen im äußeren Gehörgang.

nicht in der sichtbaren Tiefe des äußeren Ohres, sondern viel weiter innen – genauer gesagt im Winkel von 90 Grad nach innen, ausgehend von der tiefsten sichtbaren Stelle des äußeren Gehörganges. Es besteht also keine Gefahr für Sie, bei der Reinigung oder Pflege mit dem Trommelfell in Kontakt zu kommen.

Die ersten Anzeichen, die Sie als aufmerksamer Hundebesitzer bei einer Ohrenerkrankung des Hundes feststellen, sind meist Schütteln, vermehrter Juckreiz, ein unangenehmer Geruch und häufig deutliche bräunliche Sekretmengen aus dem betroffenen Ohr. Während bei einem gesunden Ohr kein oder nur ganz wenig unangenehm riechendes Sekret vorhanden ist, geht praktisch jede Erkrankung des Außenohres mit einer massiv vermehrten Sekretbildung einher. Bei Hängeohren sind dann auch an den Innenseiten der Behänge und in den unter den Behängen liegenden Haaren schmierige Beläge vorhanden. Meist liegen bei Hunden **Mischinfektionen des Ohres** mit einem Keim namens *Malassezia pachydermatis* vor. Bei diesem Keim handelt es sich um einen recht hartnäckigen Erreger, der eine Zwischenform zwischen Pilz und Bakterium darstellt. Nur durch konsequente Behandlung über mindestens 1 Woche ist man in der Lage, diesen Keim zu behandeln. Ein dafür geeignetes Medikament erhalten Sie bei Ihrem Tierarzt.

Bei Hunden, die sich im Laufe ihres Hundelebens als besonders anfällig für solche Infektionen zeigen, ist eine regelmäßige vorbeugende Reinigung des Gehörganges mit einer dafür geeigneten Lösung empfehlenswert.

Achten Sie hierbei aber bitte unbedingt darauf, dass die Lösung auch wirklich für die Ohrpflege geeignet ist. Waffenöle, Babyöle oder Ähnliches, wie man es teilweise in der Praxis erlebt, gehören nicht in Hundeohren! Auch die mechanische Reinigung mit Ohrenstäbchen ist nicht empfehlenswert. Da der Gehörgang des Hundes im tiefsten Punkt in einem rechten Winkel nach innen in Richtung des Kopfes zum Trommelfell verläuft, würde man mit einem Reinigungsstäbchen die vorhandenen Sekrete eher noch vor dem Trommelfell zu einem festen Pfropf verdichten, anstatt sie herauszubekommen. Die speziellen Reinigungsmittel hingegen lösen die festsitzenden Sekrete auf, und der Hund kann sie dann herausschütteln. Die Behänge selbst können dann mit einem weichen Baumwolllappen oder einem Papiertaschentuch abgewischt werden.

Ist ein Hundeohr plötzlich hochgradig schmerzhaft bei Berührungen, legt der Hund den Kopf stärker schief oder hat er extreme

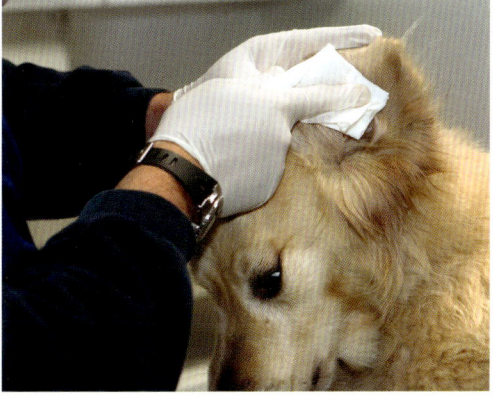

Die äußeren Ohren des Hundes sollten regelmäßig mit einem weichen Tuch gereinigt werden.

Saubere Ohren

Wenn Sie die Ohren Ihres Hundes reinigen möchten, verwenden Sie keinesfalls Reinigungsstäbchen – damit schieben Sie die vorhandenen Partikel lediglich weiter in das Ohrinnere. Benutzen Sie vielmehr feuchte Reinigungstücher oder spezielle Ohrreiniger, die Sie bei Ihrem Tierarzt bekommen.

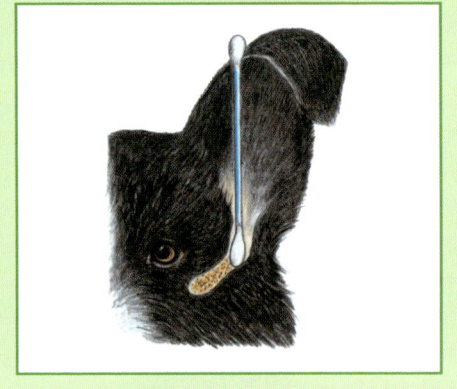

Schüttelanfälle, so sollte man auch an einen **Fremdkörper im Ohr** denken. In solchen absoluten Notfällen ist der umgehende Besuch bei einem Tierarzt notwendig, der – meist nach Gabe eines leichten Schlafmittels – dem Hund den Fremdkörper aus dem Gehörgang entfernt, ohne ihn dabei tiefer ins Ohr zu bewegen und so eventuell noch das Trommelfell zu beschädigen.

Aber so dramatisch muss es gar nicht sein. Viel häufiger passiert es etwa in der Zeit der Getreideernte oder auch in den Wochen davor, dass Hunde, die durch ein Kornfeld laufen, sich dabei eine abgebrochene Kornähre

ins Ohr bohren. Durch ihre spitz zulaufende Form und die vielfach langen Grannen, die sich wie Widerhaken aufstellen, ist die selbstständige Entfernung meist nicht zu empfehlen. Auch hier heißt es dann: ab zum Tierarzt. Im Unterschied zu den oben beschriebenen und meist akut auftretenden Ohrerkrankungen muss bei immer wiederkehrenden Beschwerden auch an ein **allergisches Geschehen** gedacht werden. Häufig sind es Futtermittelallergiker, die auch mit Ohrenproblematiken immer wieder beim Tierarzt auftauchen. Eine Behandlung der Ohren ohne Betrachtung des ganzen Organismus führt in diesem Fall leider immer nur zu einem kurzfristigen Erfolg. Hier gilt es dann, der Ursache des Übels in Ruhe auf den Grund zu gehen.

Krankheiten des Mittelohres

Chronische und unzureichend behandelte Ohrentzündungen können in einigen Fällen zu einer Mittelohrentzündung des Hundes führen. Meist ist es die Schiefhaltung des Kopfes zur entzündeten Seite, die Ihnen als besorgtem Hundebesitzer als Erstes auffallen wird. Das Ohr lässt sich dann kaum ohne Schmerzäußerungen anfassen, und der Hund wird alles versuchen, um sich einer Untersuchung zu entziehen.

Im Gegensatz zur ähnlich aussehenden Fremdkörperproblematik des Ohres kommen bei den solchermaßen erkrankten Ohren ein sehr unangenehmer Geruch und Sekretbildung hinzu. Oft werden Sie bei Ihrem Hund auch Fieber und ein deutlich verschlechtertes Allgemeinbefinden feststellen. Da eine Mittelohrentzündung eine starke Trommelfellschädigung nach sich ziehen kann, ist ein Tierarztbesuch unbedingt notwendig. Allgemeine Antibiotika, Ohrtherapeutika und Schmerzmittel müssen dem Hund dann über einen längeren Zeitraum verabreicht werden, um eine vollständige Wiederherstellung zu ermöglichen.

Sie als Besitzer können die Heilung des Hundes durch lokale Wärme in Form einer Rotlichtlampe über dem erkrankten Bereich und der Verabreichung von homöopathischen Mitteln zur Abwehrsteigerung, zum Beispiel Echinacea, beschleunigen und dem Patienten damit eine deutliche Erleichterung verschaffen.

Taubheit

Auch bei Hunden, jedoch meist erst bei unseren Senioren, kennen wir die Diagnose der Schwerhörigkeit oder sogar Taubheit. Im Gegensatz zur bei einigen Hunderassen vererbt auftretenden Taubheit wird die altersbedingte Taubheit meist durch Durchblutungsstörungen im Gehirn verursacht.

Als Hundebesitzer wundern Sie sich vielleicht, warum Ihr Hund plötzlich nicht mehr mit Ihnen zum Kühlschrank kommt, obwohl er doch eigentlich das Aufgehen der Tür gehört haben müsste. Auch das Rufen des Hundes wird im Laufe der Zeit eher zu einem Schreien, bevor der geliebte Vierbeiner reagiert. Spätestens jetzt ist es an der Zeit, einen Tierarzt aufzusuchen, bevor das gesamte Gehör weg ist. Der Tierarzt wird in seiner Praxis versuchen, die Grunderkrankung herauszufinden, und

dann dementsprechend einen Therapieversuch starten. Leider ist es häufig so, dass ein vorgeschädigtes Gehör auch beim Hund nur schwer wiederherzustellen ist. In der ganzheitlichen Medizin gibt es jedoch einige Ansätze, die auch in diesen Fällen einen deutlich besseren Erfolg aufweisen können als die reine klassische Schulmedizin. Sprechen Sie einfach einmal mit Ihrem ganzheitlich orientierten Tierarzt darüber.

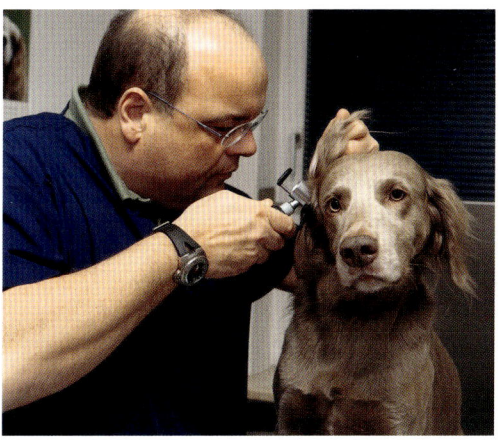

Eine genaue Untersuchung des Ohres ist nur mit Spezialinstrumenten durch einen Tierarzt möglich.

Mein besonderer Tipp

Wenn Ihr Hund unter zunehmender Taubheit leidet, gewöhnen Sie ihn möglichst frühzeitig an Sichtzeichen, um mit ihm zu kommunizieren. So können Sie auch für den Fall, dass sich das Gehör nicht wiederherstellen lässt, den Alltag mit Ihrem Vierbeiner weitgehend problemlos gestalten.

Innere Erkrankungen – Organerkrankungen

Wenn Sie als Hundebesitzer feststellen, dass Ihr Hund plötzlich nicht mehr so gerne fressen mag, dass er häufig erbricht, dass seine Kondition schlechter wird oder dass er einfach nicht mehr so fröhlich ist, wie Sie es sonst von ihm kennen, dafür aber keine äußerlich erkennbaren Veränderungen zu finden sind, ist es meist ein Zeichen für eine Organerkrankung.

Herzerkrankungen

Sehr häufig treffen wir auf unseren Spazier-
gängen auf Hundebesitzer, die uns von ihrem
Liebling und seinem Herzproblem erzählen.
Verlängerte Zeiträume nach dem Spiel bis zur
Beruhigung der Atmung, verminderte Aus-
dauer, Husten bei Aufregung, insgesamt ruhi-
ger – so oder ähnlich werden die häufigsten
Symptome bei einer Herzkrankheit des Hun-
des beschrieben. Während bei den kleinen
Hunden vor allem Herzklappenerkrankungen

auftreten, sind es bei den größeren Hunden
eher Herzmuskelprobleme.

Herzinsuffizienz

Gerade ältere Hunde und da im Speziellen die
kleineren Rassen neigen recht häufig zur Entstehung einer Herzleistungsschwäche, die
auch als Herzinsuffizienz bezeichnet wird.

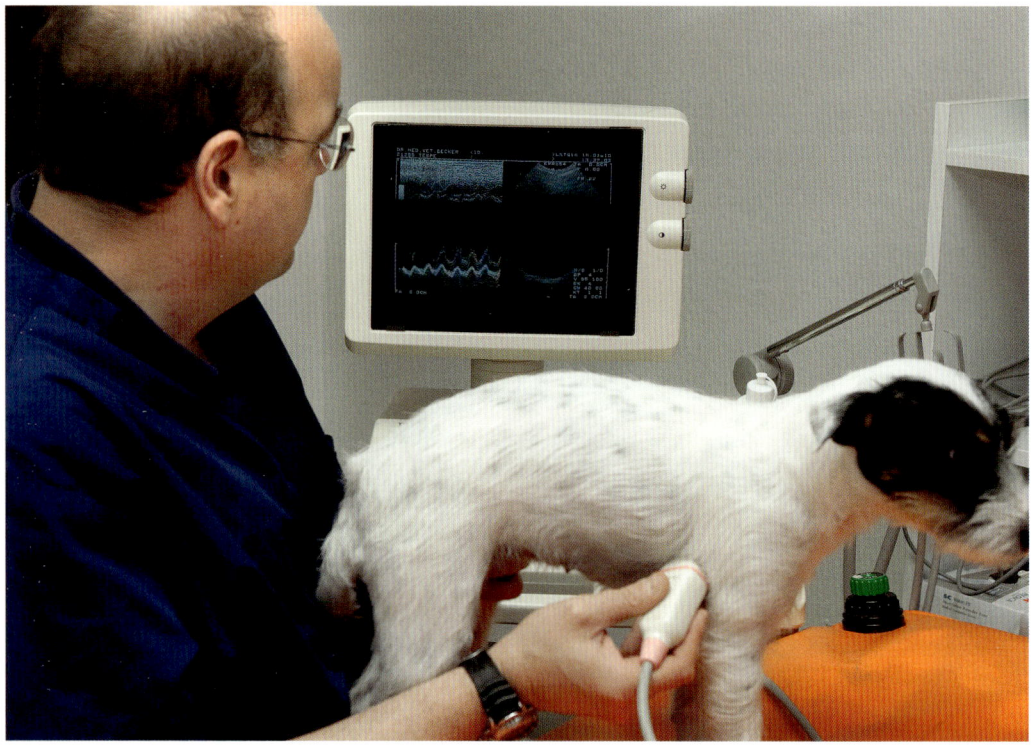

Zur gründlichen Untersuchung des Herzens gehört neben dem EKG und dem Röntgenbild auch eine
Ultraschalluntersuchung. Auch wenn der Hund hier etwas unglücklich aussieht – diese Untersuchung
ist weder schmerzhaft, noch unangenehm für das Tier.

Der Hund ist in letzter Zeit so müde, nach einem langen Spaziergang braucht er neuerdings so lange, bis er wieder fit ist – das sind die häufigsten Klagen der Hundebesitzer, wenn sie besorgt mit ihrem Vierbeiner zum Tierarzt gehen. Leider werden diese häufig als erste Symptome bei einer Herzinsuffizienz zu bemerkenden Anzeichen aber gerne auch abgetan im Sinne von: »Wir sind ja auch schon mal nicht gut drauf« oder »Jetzt wird unser Hund wohl doch alt«. Und erst der kommende Impftermin beim Tierarzt wird zum Anlass genommen, doch einmal intensiver nachzufragen.

Der Tierarzt wird dann zur genauen Diagnose nach dem gründlichen Abhören des Herzens mit dem Stethoskop zunächst das Blut auf eventuelle Veränderungen untersuchen. Danach wird ein Röntgenbild vom Brustkorb angefertigt, ein EKG geschrieben, und zur genauen Funktionsdiagnose wird in der Regel auch eine Herzultraschalluntersuchung veranlasst. Sind bei diesen Untersuchungen keine Veränderungen der Struktur des Herzens oder Störungen in der Erregungsleitung im EKG feststellbar, handelt es sich meist um eine beginnende Herzinsuffizienz, die nur im Ultraschall unter Belastung feststellbar ist. In diesem Anfangsstadium reicht meist bereits ein homöopathisches Medikament wie zum Beispiel Crataegus aus, um fürs Erste den Leistungszustand des Hundes wiederherzustellen. Auf jeden Fall sollte jedoch bei so einem Hund eine regelmäßige halbjährliche Kontrolle durch den Tierarzt erfolgen, um ein Fortschreiten der Erkrankung rechtzeitig erkennen und den Einsatz der dafür dann vielleicht besseren Medizin abwägen zu können.

Herzklappenerkrankungen

Im Gegensatz zur zuvor beschrieben Herzschwäche, die meist dem Besitzer durch ihre Symptome auffällt, ist es bei einer beginnenden Herzklappenerkrankung häufig umgekehrt. Der routinemäßige Besuch beim Tierarzt führt zur Diagnose: »Ihr Hund hat ein Herzproblem – ich höre Geräusche, die bei einem gesunden Hund nicht sein dürfen, und diese Geräusche entstehen durch einen gestörten Blutfluss im Herzen.«

Dazu müssen wir uns zuerst einmal ansehen, wie das Herz überhaupt aufgebaut ist und wie es funktioniert. Blut als wichtigster Bestandteil der Versorgung des gesamten Körpers mit Sauerstoff kommt, mit Sauerstoff beladen, aus der Lunge zum linken Herzvorhof, das Herz entlastet die Kammern, das Blut fließt vom linken Vorhof in die Kammer, und von dort wird es durch ein Zusammenziehen in den Körperkreislauf befördert, der mit der Aorta beginnt. Im Körper wird der Sauerstoff verbraucht. Das Blut kommt dann vom Körper über die Hauptvene wieder zum Herzen in den rechten Vorhof. Von dort geht es in die rechte Kammer und von da wieder in die Lunge, um dort erneut mit Sauerstoff beladen zu werden.

Damit dieser Vorgang im Herzen funktioniert, sind zwischen den einzelnen Sektionen, also zwischen den Kammern und den Vorhöfen, aber auch zwischen den Kammern und den Hauptgefäßen, Ventile vorhanden, damit die Saugdruckpumpe Herz effektiv arbeiten kann. Normalerweise ist von diesem Fluss des Herzens nichts zu hören. Kommt es jedoch zu

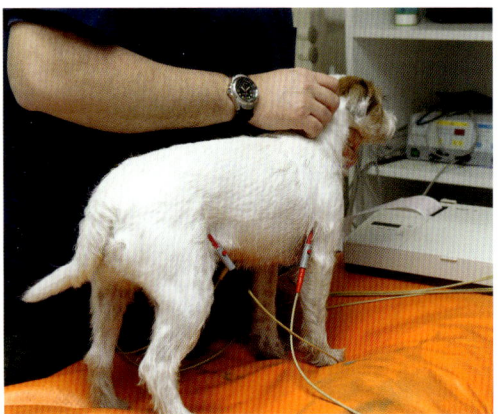

Bei der EKG-Untersuchung des Hundes wird dieser »verkabelt«, genau wie bei der Untersuchung eines Menschen. Durch das EKG können Rhythmusstörungen des Herzens erkannt werden.

Auflagerungen auf den Klappen, wird der Blutstrom verändert, so als wenn wir einen Finger in den Strahl aus dem Wasserhahn

halten. Dann ändert sich bekanntlich der Verlauf des Wasserstrahls und auch das Geräusch.

In Analogie dazu hört man mit dem Stethoskop beim Herzen einen krankhaften Blutfluss, wenn die Herzklappen zum Beispiel durch eine Auflagerung zu einer Strömungsveränderung führen. Häufig sind es schon längere Zeit bestehende Auflagerungen auf den Klappen, die unter Umständen durch den vielfach unterbewerteten Zahnstein zustandekommen.

Um dem Fortschreiten der Erkrankung Einhalt zu bieten, wird Ihr Tierarzt Ihrem Hund ein Medikament zur Drucksenkung geben, das Sie Ihrem Hund dann konsequent für die Dauer seines Lebens verabreichen müssen. Auch hier sind regelmäßige Nachuntersuchungen zur Therapieüberwachung notwendig.

Zahnstein fördert Herzklappenerkrankung

Bakterien im Zahnstein wandern über die entzündete Maulschleimhaut in den Blutkreislauf, setzen sich an den Herzklappen fest, bewirken auf Dauer eine entzündliche Umfangsvermehrung und führen so zu einer Herzklappenerkrankung. Die Folge davon ist eine verminderte Schlussfähigkeit der Ventile und somit ein Rückfluss in die benachbarten Anteile mit den teilweise dramatischen Folgen einer massiven Wasseransammlung in Lunge oder Bauchraum.

Herzmuskelerkrankungen

Gerade Besitzer großer Hunde, hier vor allem Irischer Wolfshund, Riesenschnauzer, Schäferhunde und weitere Rassen der beschriebenen Größe, werden vielleicht bei ihrem Hund einmal eine sehr schnell zunehmende Leistungsschwäche feststellen, dabei aber eher an infektiöse Geschehen denken, da hier die Herzvergrößerung durch Herzmuskelschwäche einen häufig rasanten Verfall des Hundes darstellt.

Auch in diesem Fall wird Ihr Tierarzt eine vollständige Herzuntersuchung durchführen und Ihnen zeigen, wie das Herz sich vergrößert hat, weil die Muskulatur des Herzmuskels dem im Herzen liegenden Druck nicht mehr standhalten kann. Im fortgeschrittenen Zustand ist die Muskulatur des Herzens so stark gedehnt, dass selbst der regelmäßige Herzschlag nicht mehr funktionieren kann, da die dafür im Heruzmuskel liegenden Nervenfasern ihren Zusammenhang verloren haben. Leider ist eine Therapie meist nur für den vergleichsweise kurzen Zeitraum von wenigen Monaten bis zu 1 oder 2 Jahren möglich.

Parasitäre Herzerkrankungen

Die parasitären Herzerkrankungen, die sich auf den Herzwurmbefall beschränken, wurden bereits bei den Reisekrankheiten beschrieben (siehe S. 43).

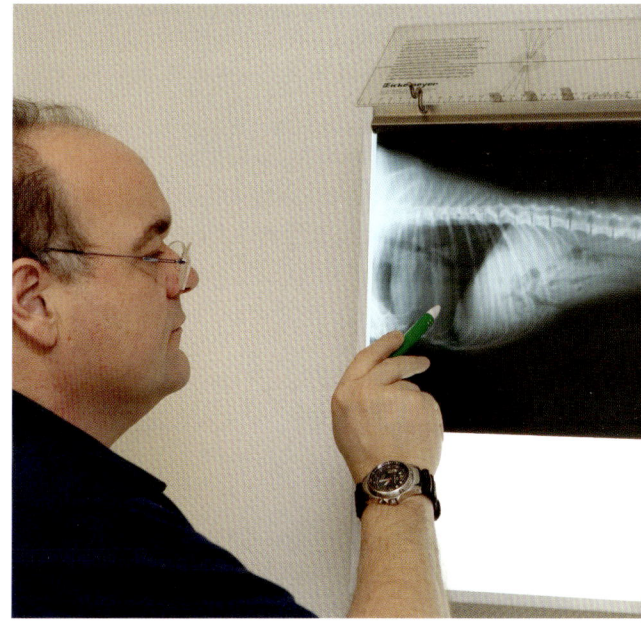

Röntgenaufnahme einer deutlichen Herzvergrößerung.

Damit auch Ihr Welpe bis ins hohe Alter herzgesund bleibt, sollte eine regelmäßige Untersuchung des Herzens durchgeführt werden.

Erkrankungen des Blutes und des Blutgefäßsystems

Lebensnotwendiger Sauerstoff sowie alle Nährstoffe werden über das Blut im Blutgefäßsystem zu den Organen transportiert. Vereinfacht ausgedrückt, unterscheidet man dabei rote und weiße Blutkörperchen. Die roten Blutzellen werden auch als Erythrozyten und die weißen als Leukozyten bezeichnet. Eine Erhöhung der weißen Blutkörperchen ist – beim Hund genau wie bei uns Menschen – immer ein sicheres Zeichen für eine im Körper ablaufende Entzündung.

Aber auch viele andere Erkrankungen lassen sich anhand eines Blutbildes erkennen und zeigen sich in veränderten Blutwerten – ein wichtiges Diagnosemittel, da unsere Vierbeiner ja nicht sagen können, wo es und was ihnen weh tut.

Anämien

Als Anämie wird eine Verminderung der Anzahl der roten Blutkörperchen bezeichnet. Die Produktion der roten Blutzellen findet im Knochenmark statt. Die Hauptaufgabe der roten Blutzellen besteht in der Versorgung der Organe mit Sauerstoff. Eine Anämie zeigt sich bei Ihrem Hund vor allem durch eine deutlich

Dieser Mops hat sicher keine Erkrankung des Blutes und erfreut sich bester Gesundheit.

herabgesetzte Kondition, sehr helle Schleimhäute und eine erhöhte Atemfrequenz bereits bei geringer Belastung.

Hat Ihr Tierarzt bei Ihrem Hund die Diagnose Anämie gestellt, so wird er danach anhand weiterer Untersuchungen feststellen, ob die Ursache dieser Anämie in einer verminderten Produktion der Blutzellen liegt oder in einem Verlust der vorhandenen Blutzellen wie zum Beispiel durch eine Blutung im Körper des Hundes. Mittlerweile gibt es in den meisten größeren Städten bereits Blutbanken für Hunde, sodass auch hier eine Möglichkeit zur Hilfe für Ihren Hund vorhanden ist.

Gerinnungsstörungen

Damit ein Hund im Falle einer Verletzung keinen zu großen Blutverlust erleidet, ist eine intakte Blutgerinnung notwendig. Verantwortlich hierfür ist die Leber, die permanent sogenannte Blutgerinnungsfaktoren produziert. Ist die Blutgerinnung gestört, kann es zu Thrombosen kommen, bei denen Blutverklumpungen innerhalb der Gefäße plötzlich zum Versagen der Sauerstoffversorgung in den nachfolgenden Organen führen. Bei infarktgefährdeten Menschen wird die Blutgerinnung durch Gerinnungshemmer herabgesetzt, um der Gefahr der Thromboseentstehung vorzubeugen. Auch bei Hunden kann es zu Thrombosebildung kommen, und der Vierbeiner wird dann auch genau dieselben Präparate bekommen, wie sie in der Humanmedizin eingesetzt werden – natürlich in anderer Dosierung.

Die weitaus bekannteste Form einer Blutgerinnungsstörung wird jedoch ausgelöst durch eine lebensbedrohliche **Rattengiftvergiftung** Ihres Hundes. Rattengifte sind meist sogenannte Coumarinderivate, die in der Leber dafür sorgen, dass die Produktion der Gerinnungshemmer in der Leber gestoppt wird. Nimmt Ihr Hund also Rattengift auf, setzt sich das Gift an der Produktionsstelle dieser Stoffe in der Leber an, und der Hund kann keine Gerinnungshemmer mehr produzieren. Da die im Blut vorhandenen Stoffe noch für etwa 1 Woche ausreichen, bevor diese abgebaut sind und der Körper neue Gerinnungshemmer benötigt, kommt es auch erst nach Ablauf von 1 Woche nach Giftaufnahme zu den ersten Symptomen. Sie werden bei Ihrem Hund plötzliche Blutungen im Bereich der Blase, des Darmes, Erbrechen von Blut oder Aushusten von blutigem Schleim beobachten können. In diesem Moment ist dann extreme Eile geboten, da der Hund nur noch durch eine sofortige Bluttransfusion gerettet werden kann. Insofern darf man auch nach sichtbarer Aufnahme von Rattengift keine Zeit verlieren, um den Hund beim Tierarzt erbrechen zu lassen. Die Therapie besteht dann weiter in der Gabe des Gegengiftes Vitamin K über mehrere Tage.

Kein Grund zur Panik bei Rattengift

Wenn Ihr Hund Rattengift gefressen hat, kann der Tierarzt ihm bei schnellem Handeln mit einem Gegengift helfen. Weitere Folgen sind dann nicht zu befürchten.

Atemwegserkrankungen

Die Atemwege eines Hundes werden eingeteilt in die oberen Luftwege, zu denen die Nase, der Kehlkopf und die Luftröhre gehören, sowie die unteren Luftwege mit den Bronchien und der Lunge. Betrachten wir zunächst die oberen Luftwege.

Erkrankungen der Nase

Nasenausfluss, hörbare Behinderung der Atmung, vermehrtes Niesen oder Blutungen im Bereich der Nase sind die auffälligsten Veränderungen, die Ihnen als Hundehalter bei einer Erkrankung im nasalen Bereich auf-

Die Nase des Hundes hat eine erheblich höhere Riechleistung als die des Menschen. Eine gesunde Nase ist immer feucht, glänzend und ohne Sekretansammlung.

fallen. In Analogie zum Menschen ist es meist nur eine bakterielle oder virale Infektion, die solcherlei Symptome auslöst. Der Hund ist je nach Schweregrad schlapp und wird das Fressen einstellen, denn es geht ihm dann ganz ähnlich wie uns.

Bei solchen Auffälligkeiten sollten Sie bei Ihrem Hund zu allererst Fieber messen, um den Schweregrad der Erkrankung einschätzen zu können und so vielleicht einen Hinweis auf eine infektiöse Ursache zu bekommen. Erfreut sich Ihr Hund trotz Nasenausfluss und vermehrtem Niesen bester Agilität, muss abgesehen von einem reinen Schnupfen auch einmal an einen Fremdkörper in der Nase (Grashalm o. Ä.) oder an eine Ursache im Maulbereich (entzündete Zahnwurzel) gedacht werden. Bei einem rein einseitigen Nasenausfluss könnte es sich auch um eine Pilzinfektion handeln.

Besteht bei Ihrem Hund ein sogar blutiger Nasenausfluss muss unbedingt abgeklärt werden, ob die Ursache in einer entzündlichen Veränderung mit Nasenbluten oder in einem Tumor liegt.

Bei einem rein wässrig-schleimigen Nasenausfluss, der plötzlich auftritt und wahrscheinlich bakteriell bedingt ist, und bei einem nicht eingeschränkten Wohlbefinden können Sie zunächst versuchen, den Hund mit homöopathischen Mitteln selbst zu behandeln. Hier bieten sich etwa Echinacea oder Engystol an, um die Infektabwehr des Hundes zu stärken.

Erkrankungen der oberen Atemwege (Kehlkopf/Luftröhre)

Ein ganz typischer Fall in der Tierarztpraxis ist gerade in den Wintermonaten der Hundehalter, der am Telefon berichtet, dass sein Hund ständig würgt und zu erbrechen versucht. Zumindest klingen die Geräusche ganz danach. Vielfach steckt dahinter jedoch etwas ganz anderes, nämlich nicht etwa eine Magenverstimmung, sondern sehr häufig eine Entzündung im Bereich des Kehlkopfes und der Luftröhre. Das, was Sie hören, ist nämlich vielfach Husten.

Meist sind auch diese Formen der Atemwegserkrankungen viral und bakteriell bedingt. Häufig beginnt diese Art der Infektion so plötzlich, dass es nicht selten vorkommt, dass der Besitzer das Gefühl hat, es könne ein Knochen oder ein Spielzeug im Rachen seines Lieblings steckengeblieben sein. Beim Blick in

Gut zu wissen

Infektiöse Erkrankungen der oberen Luftwege sind beim Hund ebenso wie beim Menschen hoch ansteckend. Meiden Sie daher unbedingt den Kontakt zu anderen Hunden, um diese nicht zu gefährden.

Mit Stöcken zu spielen, birgt eine große Verletzungsgefahr für den Maul- und Kehlkopfbereich.

die Maulhöhle erkennt man jedoch oft bereits im hinteren Bereich eine deutliche Rötung und eine Ansammlung von vor allem zähflüssigem, gelblich erscheinendem Schleim. Zudem sind die Lymphknoten im Kieferwinkel, die Sie als Hundehalter als im Normalzustand nur klein erbsengroß fühlen können, deutlich vergrößert. Diese Lymphknoten können Sie am besten fühlen, wenn Sie am Unterkiefer von vorne außen sich in Richtung der Kieferwinkel vortasten. Kurz bevor Sie hinter dem Kieferwinkel die doch recht körnige und walnussgroße Ohrspeicheldrüse fühlen können, ertasten Sie bei einer Vergrößerung die kleinen Lymphknoten.

Eine andere Erkrankung, die bei Ihrem Hund im Rachenbereich vorkommen kann, steht in direktem Zusammenhang mit dem Spiel mit dem Stock. Fängt der Hund den Stock, bevor er zu Boden kommt, kann es passieren, dass der Hund sich den Stock so unglücklich in den Rachen stößt, dass es zu Verletzungen bis hin zu Abrissen des Kehldeckels oder tiefen Verletzungen im Bereich der oberen Rachenschleimhaut kommt. Leider zeigen Hunde gerade im Spiel nur wenig anhaltenden Schmerz, sodass es nicht selten ist, dass Sie solange nichts davon bemerken, bis der Bereich sich dermaßen entzündet hat, dass es zum Auftreten von blutigem Speichel aus dem Maul kommt. In diesen Fällen stellen die meisten Hunde dann auch die Futteraufnahme ein, und der Gang zum Tierarzt wird unvermeidbar.

Für den Fall einer infektiösen Erkrankung der oberen Luftwege gilt dasselbe wie bei infektiösen Erkrankungen der Nase: Alles, was der Abwehrsteigerung dient, hilft in Kombination mit schleimlösenden Präparaten, die Erkrankung schnellstmöglich zu kurieren. Als Erstes ist hierbei vor allem auch wieder an Echinacea und Engystol für die Infektabwehr und an Allium cepa oder ähnliche Präparate zu denken. Jedes dieser homöopathischen Medikamente sollte jedoch nur so lange als alleinige Maßnahme in Betracht gezogen werden, wie bei Ihrem Hund noch ein gutes Allgemeinbefinden vorherrscht. In allen schlimmeren Fällen sollten Sie unbedingt den Tierarzt aufsuchen. Und selbstverständlich sollten Sie mit einem kranken Hund nicht zu öffentlichen Hundeplätzen oder in Hundeschulen gehen, um nicht andere Tiere anzustecken. Sprechen Sie darüber bitte mit Ihrem Tierarzt. Er wird Ihnen sicher die Zeit nennen können, die in Ihrem speziellen Fall notwendig ist, um die Ansteckungsgefahr für andere Hunde zu minimieren.

Erkrankungen der Lunge

Macht Ihr Hund eher einen sehr gedämpften Eindruck und tut sich beim Husten schwer, stellt das Trinken und Fressen mehr oder weniger ein und seine Atemgeräusche sind möglicherweise häufig begleitet von einem Rasseln, ist die Diagnose in aller Regel klar: Ihr Hund hat eine Bronchitis – meist mit einhergehender Entzündung der Lunge. Bei leichtem Klopfen von außen auf den Brustkorb werden Sie ganz schnell Husten auslösen können, und der Hund weicht dem Klopfen deutlich aus. Lungenentzündungen verursachen Schmerzen im Brustkorbbereich. Zur Abklärung der Ursache ist hier der Besuch bei Ihrem Tierarzt unbedingt notwendig.

Leider sind nicht alle Erkrankungen der Lunge ausschließlich infektionsbedingt. Auch Hunde können Lungentumore entwickeln, und nicht nur bei Hündinnen, die als Folge eines massiven Auftretens von Brustdrüsentumoren im Lungenbereich Metastasen bilden, kann eine tumoröse Lungenerkrankung vorkommen. Letztendlich hilft hierbei nur eine Röntgenaufnahme des Brustkorbs, um eine klare Diagnose zu stellen.

Quälender Husten und nicht mehr Auf-der-Seite-schlafen-Wollen kann aber auch bei einer Wasseransammlung in der Lunge auftreten, wie wir es bei herzinsuffizienten Hunden kennen.

Eine Selbstbehandlung oder Unterstützung der tierärztlichen Behandlung mit Hausmitteln sollte bei einer Lungenerkrankung nur nach einer gründlichen tierärztlichen Untersuchung erfolgen. Hierbei gilt dann auch wieder das schon Gesagte: Im infektiösen Fall sind Echinacea und Engystol sicher neben Präparaten zur Schleimlösung die ersten Mittel.

Damit auch Ihr Hund genauso gesund bleibt, wie die Deutsche Bracke auf dem Foto, gehört eine regelmäßige tierärztliche Untersuchung dazu.

Zahnerkrankungen

»Frauchen, Frauchen, er hat überhaupt nicht gebohrt« – oder vielleicht doch? Anders als viele Hundebesitzer denken, müssen auch die Zähne des Hundes regelmäßig kontrolliert und bei Bedarf behandelt werden. Die Gründe dafür sind vielfältig; sei es, dass der Vierbeiner unter Zahnstein leidet oder dass ihm ein Zahn abgebrochen ist, vielleicht wachsen die Zähne aber auch so, dass sie dem Hund Schmerzen verursachen. Doch dem Hunde kann geholfen werden. Übrigens reden wir hier nicht von rein kosmetischen Korrekturen – ob die Zähne weiß oder leicht verfärbt sind, ist dem Hund vollkommen egal –, behandelt werden sollte nur dann, wenn es medizinisch erforderlich ist.

Schauen wir uns zunächst einmal das normale und wünschenswerte Gebiss an: Der Welpe kommt zahnlos zur Welt, und bis zum Alter von etwa 6 Wochen brechen bei ihm die nadelspitzen 28 Milchzähne durch. Im Alter von 4 bis 6 Monaten wechselt der Hund bereits das Gebiss und hat dann im Normalfall, das heißt im vollzahnigen Gebiss, 42 Zähne. Die Zähne unterteilen sich – ähn-

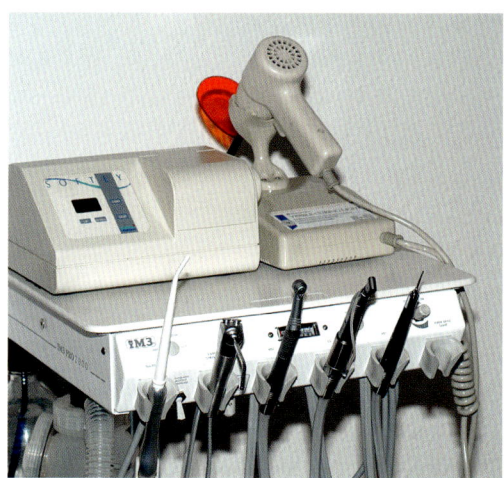

Die Ausstattung eines Tierzahnarztes ähnelt sehr der Apparatur eines Zahnarztes für den Menschen.

lich wie beim Menschen – pro Kieferseite in die vorderen 3 Schneidzähne, auch Incisivi genannt, den Caninus (Eckzahn, beim Hund auch Fangzahn genannt), die 4 Prämolaren sowie die 2 Molaren (Backenzähne) im Oberkiefer und 3 Molaren im Unterkiefer. Da die Zähne jeweils beidseits oben und unten symmetrisch vorliegen, addieren sie sich auf 42. Im Welpengebiss sind es einige Zähne weniger, denn hier sind noch keine Molaren und nur 3 Prämolaren vorhanden.

Zahnwechselstörungen

Das erste Problem, das viele Hunde betrifft, tritt bereits im sehr frühen Alter auf. Der Zahnwechsel des Hundes findet zwischen

Zahnformel Jungtier und erwachsener Hund

Jungtier vor dem Zahnwechsel	Erwachsener Hund
oben 3-1-3	oben 3-1-4-2
unten 3-1-3	unten 3-1-4-3

dem 4. und 6. Lebensmonat statt. Bei den kleinen Hunderassen beginnt er früher als bei den großen. Zuerst wechseln in der Regel die Schneidezähne, danach die Backenzähne und zuletzt dann auch die Eckzähne. Vielfach stellen Besitzer fest, dass gerade der Eckzahn, der so genannte Caninus, nicht ausfallen will bzw. noch im Gebiss steht, während der bleibende Zahn bereits durchgebrochen ist. Und plötzlich hat der Hund einen doppelten Fangzahn.

Was ist hier passiert? Hier ist ganz einfach der Milchfangzahn nicht durch den bereits nachfolgenden bleiben Eckzahn aus seinem Zahnfach herausgedrückt worden, sondern bleibt stehen. Als Folge davon schiebt sich dann der bleibende obere Eckzahn nach vorne, denn dahinter steht ja noch der Milchzahn. Beim unteren Eckzahn hingegen schiebt sich der bleibende Eckzahn unter Umständen innen neben den Milcheckzahn. Auch hier entsteht dabei ein sogenannter doppelter Eckzahn. Wird dieses Problem nicht behandelt, führt es oft zum so genannten Fangzahn- oder auch Caninus-Engstand.

Bevor es dazu kommt, muss der Milchzahn gezogen werden. Suchen Sie also unbedingt einen Fachtierarzt für Zahnheilkunde auf, wenn Ihr Welpe ca. 5 bis 10 Tage nach Durchbrechen des bleibenden Eckzahnes noch immer keine Anstalten macht, seinen Milchfangzahn zu verlieren. Hier muss in jedem Fall eingegriffen werden, denn hier handelt es sich nicht um ein rein kosmetisches Problem. Die Folge eines steil stehenden unteren Eckzahnes sind dann meist Verletzungen im oberen Gaumen.

Gebissfehlstellungen

Wie bereits im vorigen Kapitel beschrieben, ist der **Fangzahn-Engstand** eine Fehlstellung, die relativ häufig vorkommt, die aber auch sehr gut kieferorthopädisch korrigiert werden kann. Was genau passiert nun bei so einem Engstand und wo ist das Problem?

Der Engstand kommt meist entweder zustande, weil der Unterkiefer zu schmal ist oder weil ein Milchzahn noch im bleibenden Gebiss steht und nicht ausgefallen ist. Da-

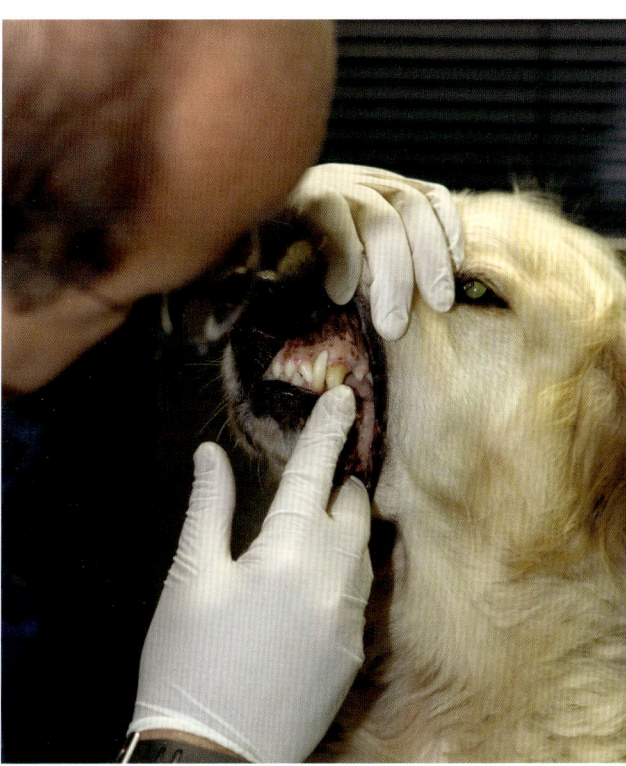

So wie hier auf dem Bild zu sehen, findet der gesunde untere Eckzahn seinen Platz zwischen dem oberen dritten Schneidezahn und dem oberen Eckzahn.

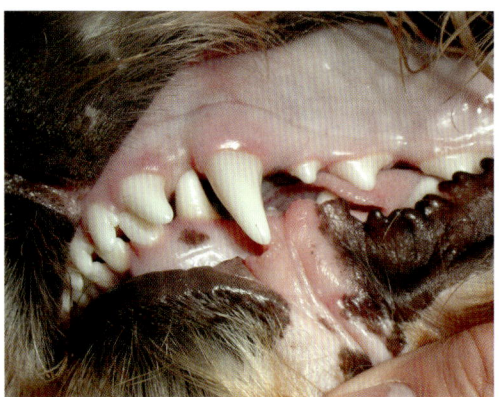

Ein nach innen verlagerter Eckzahn dringt in den oberen Gaumen ein und kann so ein Durchbrechen des Gaumens bis in die Nasenhöhle verursachen. Im Alter von ungefähr sechs Monaten ist der Zahnwechsel der Hunde abgeschlossen. Das stellt einen optimalen Zeitpunkt für eine Gebisskontrolle dar.

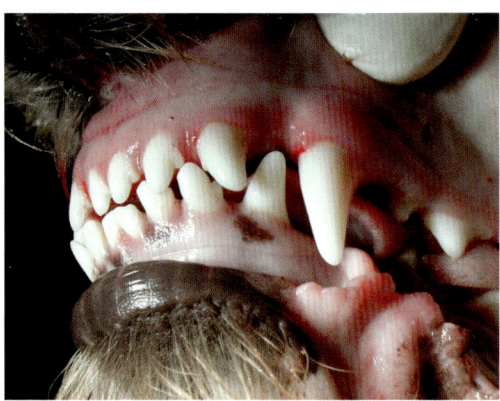

Korrekter Stand der Zähne zueinander nach einer kieferorthopädischen Korrektur. Der untere Eckzahn beißt jetzt nicht mehr in den Gaumen, sondern passt in den Zwischenraum zwischen oberem dritten Schneidezahn und oberem Eckzahn.

durch, dass der Fangzahn nicht an der richtigen Stelle in die vorhergesehene Lücke im Oberkiefer passt, beißt er in den oberen Gaumen und kann hier langfristig großen Schaden anrichten. Dies können im einfachsten Fall starke Entzündungen am Gaumen sein, im schlimmsten Fall kann der Oberkiefer bis zur Eröffnung der Nasenhöhle durchbohrt werden.

Was ist also zu tun, wenn Ihr Hund eine solche Fehlstellung hat? Der beste Zeitpunkt für eine Korrektur ist der Zeitraum um den 6. Lebensmonat, also nach dem vollständigen Herauswachsen der Zähne. In diesem Moment sind die Zähne in ihrer Stellung noch am leichtesten zu verändern, sodass eine Korrektur selten mehr als 4 bis 6 Wochen in Anspruch nimmt. Im Vergleich zum menschlichen Gebiss also eine sehr kurze Zeit, in der der Hund selbst mit der Spange oder der Kunststoffplatte, die er dann meist tragen muss, keine größeren Beeinträchtigungen hat.

Achten Sie also unbedingt darauf, dass Ihr Welpe zum Zeitpunkt des Zahnwechsels einmal dem Tierarzt vorgestellt wird. Für den Fall, dass bereits beim Welpen eine Fehlstellung der unteren Eckzähne zu beobachten ist, sollten die Milcheckzähne nach der 12. Lebenswoche gezogen werden, um das Einbeißen der oberen Eckzähne in den Gaumen zu vermeiden. Vor der 12. Lebenswoche die Milcheckzähne zu ziehen, ist dagegen nicht zu empfehlen, denn durch die Manipulation am Milchzahn kann der Keim des bleibenden Eckzahnes, der bereits unter diesem Milchzahn liegt, und somit die Schmelzbildung dieses Zahnes gestört werden.

Deutlich problematischer zu korrigieren sind

die anderen möglichen Fehlstellungen. Dazu gehören vor allem der **Vorbiss**, der **Rückbiss** und der **Kreuzbiss**. Das normale Gebiss des Hundes ist ein sogenanntes Scherengebiss – dabei liegen beim Zubeißen die oberen Zähne rundherum minimal weiter außen als die unteren und greifen leicht darüber. Diese Gebissform erinnert an zwei Scherenschenkel, die ebenso eng aneinander vorbeigleiten, dass ein Scherenschlag ermöglicht wird – daher der Name.

Anders dagegen das sogenannte **Zangengebiss**. Hier beißen die unteren Schneidezähne genau auf die oberen Scheidezähne auf. Liegen die unteren Schneidezähne deutlich sichtbar hinter den oberen Zähnen, so spricht man von einem Rückbiss, befinden sich die unteren Schneidezähne vor den oberen, handelt es sich um einen Vorbiss. Liegen die Zähne dagegen versetzt zueinander – also liegen einige Zähne korrekt, andere stehen vor, andere liegen dahinter –, so spricht man vom Kreuzbiss, bei dem die Zähne, salopp gesagt, »kreuz und quer« stehen.

Im Vergleich zum zuvor beschriebenen Caninus-Engstand ist die Korrektur des Vor- und Rückbisses sowie des Kreuzbisses oder Zangenbisses meist mit erheblich höherem Aufwand verbunden. Teilweise ist sie sogar unmöglich und selten medizinisch notwendig, denn mit all diesen Gebissformen kommt ein Hund trotzdem zumeist prima zurecht. Trotzdem sollte man mit einem Hund, der einen solchen Gebissfehler aufweist, nicht züchten, denn es ist nicht mit Sicherheit auszuschließen, dass diese Fehlstellungen erblich bedingt sind.

Zahnfrakturen

Ein immer wieder auftretender Fall aus der Praxis: Ein Hund blutet nach einer Beißerei, nach dem Spiel mit einem anderen Hund oder nach Apportierlektionen mit dem Holzapportierbock plötzlich aus dem Maul. Ursache für die Blutung ist häufig ein abgebrochener Zahn.

Gut, wenn es so offensichtlich stattfindet, aber oft bemerkt man auch gar nichts. Erst der Tierarztbesuch zur Impfung oder wegen einer anderen Erkrankung bringt das Malheur ans Licht. Erstaunlich ist dabei, wie wenig Schmerz ein Hund im Zusammenhang mit einer geöffneten Wurzelhöhle zeigt, wenn man vergleichend an die menschliche Pein denkt. Häufig zeigt sich der Schmerz nur durch eine einseitige Gebissnutzung, sichtbar am stärker einseitig auftretendem Zahnbelag, oder das Nicht-mehr-trinken-wollen von eiskaltem Wasser. Ein vermindertes Verlangen nach Kauknochen oder seltener das nicht

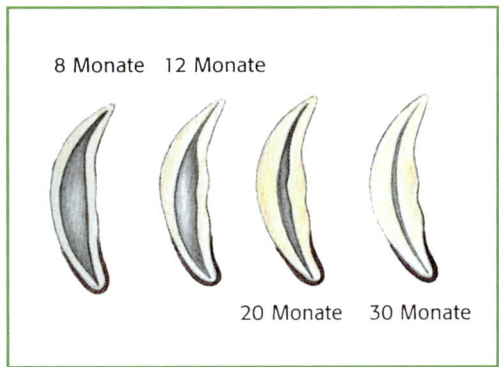

8 Monate   12 Monate

20 Monate   30 Monate

Hundezähne haben in den ersten Monaten einen großen Hohlraum und sind dadurch wenig stabil. Das erhöht die Gefahr von Frakturen.

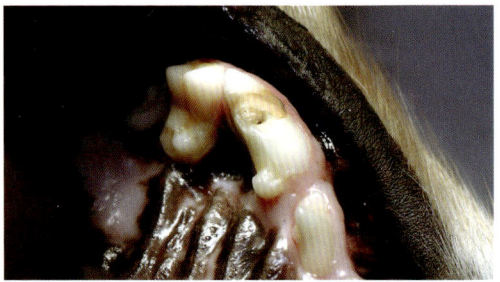 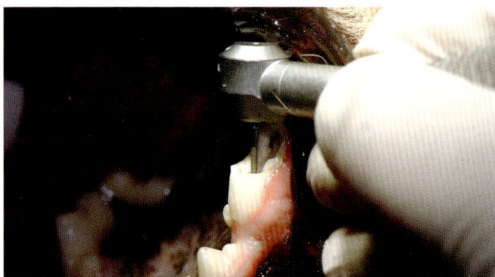

Ein abgebrochener Zahn verursacht auch beim Hund immense Schmerzen, die der jeweilige Hund jedoch nur selten zeigt. Vermindertes Trinken von kaltem Wasser und Kauen vor allem auf der gesunden Seite sind typische Anzeichen für ein Zahnproblem.

Auch in der Tiermedizin wird ein abgebrochener Zahn durch eine Wurzelkanalbehandlung gerettet und muss also nicht gezogen werden. In der Tierzahnheilkunde versierte Tierärzte erfahren Sie bei der jeweiligen Tierärztekammer des Bundeslandes.

mehr so sichere Apportieren bei der Jagd sind ebenfalls Hinweise. Oft sind es gerade junge Hunde, die von solchen Zahnfrakturen heimgesucht werden. Bis zum Alter von 18 Monaten ist das Gebiss des Hundes noch nicht stabil.

Frische Zahnfrakturen stellen einen absoluten Notfall dar, der sofort in die Hände von darauf versierten Tierärzten gehört. Je früher ein Besuch bei solch einem Tierarzt erfolgt, umso wahrscheinlicher ist der Erhalt der Vitalität des Zahnes. Unter Vitalität verstehen wir hier-

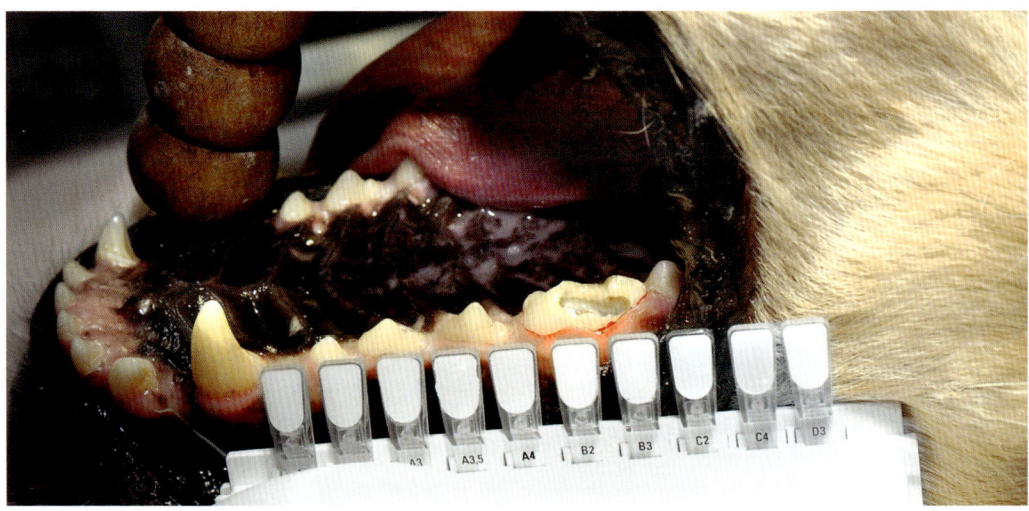

Selbst die Zahnfarbe wird für jeden Hund individuell bestimmt.

bei den Erhalt der Blut- und Gefäßversorgung des Zahnes, sodass die Flexibilität des Zahnes und seine Festigkeit erhalten bleiben. Ist erst nach 1 bis 2 Tagen oder gar später ein Tierarztbesuch möglich, sei es, weil der Hund eben nicht unmittelbar nach der Fraktur aus dem Maul blutet oder aber die Maulhöhle nicht routinemäßig nach dem Sport untersucht wird, ist eine Wurzelkanalbehandlung mit Entfernung der Pulpa und anschließendem Verschluss der Pulpa und Wiederaufbau des Zahnes unumgänglich. Frakturierte Zähne unbeachtet zu lassen oder gar zu ziehen, entspricht nicht mehr dem Stand der heutigen Tiermedizin.

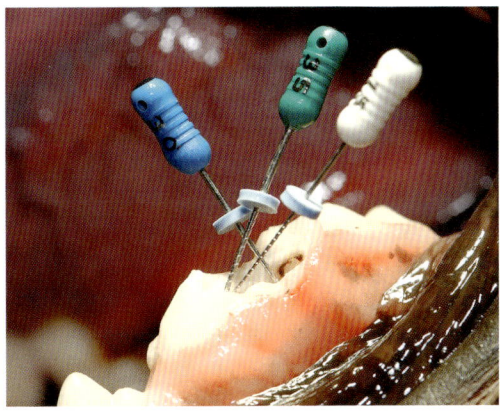

Zur Überprüfung der korrekten Wurzelkanalbehandlung werden auch in der Tiermedizin die einzelnen Kanäle mit Wurzelkanalinstrumenten untersucht.

Zahnstein

Ein immer wieder »beliebtes« Thema bei nahezu allen Hundehaltern ist der Zahnstein. Woher kommt er, muss er entfernt werden, wie beugt man ihm vor?

Eines vorweg: Bei fast allen Hunden kommt es mit zunehmendem Alter zur Bildung von Zahnstein, allerdings ist dies von Hund zu Hund sehr unterschiedlich und hängt von ganz verschiedenen Faktoren ab.
Was ist eigentlich Zahnstein? Er besteht vor allem aus den Abbauprodukten von Fäulnis-

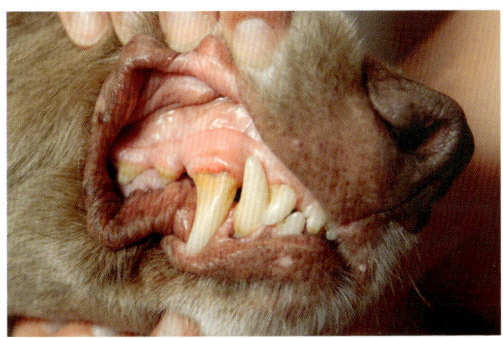

Auch wenn hier nur ein geringer Zahnsteinbefall vorliegt, ist dennoch das Zahnfleisch entzündet. Man erkennt es gut an der leichten Schwellung und dem roten Saum am Zahnrand.

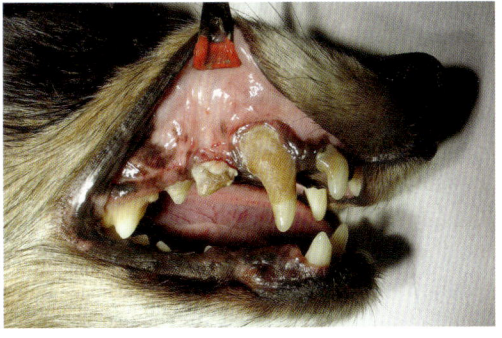

Hochgradiger Zahnsteinbefall bei einem Dackel. Die hierbei vorhandenen Bakterien sind verantwortlich für Erkrankungen zahlreicher Organe wie z. B. Leber, Niere oder Herz.

bakterien, die in der Maulhöhle und auf den Zähnen sitzen. Diese Bakterien werden durch das bei Zahnsteinbefall stark entzündete Zahnfleisch in den Organismus eingeschleust und können hier zur Entstehung von unterschiedlichen Erkrankungen beitragen, etwa Herzklappenerkrankungen oder Leber- und Nierenproblematiken.

Wer also glaubt, Zahnstein sei ja nur ein lokal begrenzter Prozess oder gar ein rein kosmetisches Problem, der liegt somit eindeutig falsch. Und noch ganz andere Dinge können durch Zahnstein verursacht werden. Nicht selten erscheinen beispielsweise Diensthunde bei mir in der Praxis, deren Besitzer darüber klagen, dass ihr Hund bei der Spurensuche in letzter Zeit häufig versagt. Mein erster Blick gilt dann immer den Zähnen, denn auch der Geruchssinn des Hundes kann durch Zahnstein stark beeinträchtigt werden. Ebenso kann ein Hund, der sich allgemein unwohl

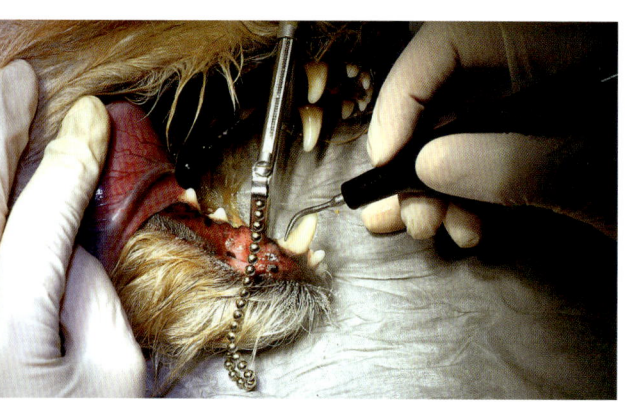

Zahnsteinentfernung gehört in tierärztliche Hände und muss per Ultraschall erfolgen. Nur bei anschließender Politur mit einem Gummipolierer ist ein erneutes Auftreten von Zahnsteinbefall erst nach einem längeren Zeitraum möglich.

fühlt, nach einer Zahnsteinbehandlung wieder deutlich fröhlicher erscheinen.

Was passiert nun, wenn der Hund trotz aller Vorbeugemaßnahmen Zahnstein hat? Dann ist der Tierarzt gefragt, denn der Zahnstein muss weg. Greifen Sie auf keinen Fall selbst zu den metallenen Hilfsmitteln, die im Handel erhältlich sind – Sie greifen damit nur den Zahnschmelz an, und der Zahnstein ist umso schneller wieder da.

Um in Ruhe arbeiten zu können, wird der Tierarzt Ihren Hund in einen Tiefschlaf bzw. in eine Narkose versetzen. Auch wenn hier nun manche Tierbesitzer erschrecken – bedenken Sie bitte, dass die Sedierung im Vergleich zu den gesundheitlichen Problemen, die durch Zahnstein entstehen, deutlich harmloser und bei der heutigen Technik auch eher unproblematisch ist.

Der Tierarzt wird dann zunächst den Zahnstein per Ultraschall entfernen und anschließend die Zähne gründlich mit einem Gummipolierer glätten. Dies ist erforderlich, um nicht auf der rauen Schmelzoberfläche, die nach einer Zahnsteinbehandlung auftritt, sofort wieder eine Neubildung von Zahnstein zu haben, die dann meist noch stärker ist als zuvor. Das früher einmal übliche manuelle »Wegkratzen« mit einem sogenannten Scaler ist sicher immer noch eine empfehlenswerte Maßnahme zur Entfernung von Belägen unterhalb des Zahnfleisches, aber auch hier sollte nach dem Entfernen unbedingt eine Politur durchgeführt werden. Insofern sollte auch dies dem Fachmann überlassen werden.

Als ergänzende Maßnahme zur Prophylaxe von Zahnstein wird in der Komplementärmedizin übrigens die tägliche Gabe von 1 Tablette Vermiculite D 6, einem homöopathischen Medikament, empfohlen.

Epulis

Und es gibt noch ein weiteres Problem an den Zähnen, das vor allem viele Boxerbesitzer kennen – die sogenannten Epuliden. Hierunter versteht man meist gutartige Tumoren (Zubildungen) im Bereich des Zahnfleischs des Hundes. Diese Tumore können, da sie aus den verschiedenen Zellschichten des Zahnfleischs entstehen, ganz unterschiedlich aussehen – glatt, höckrig, fest oder mehr oder weniger weich sein. Haben die Epuliden eine gewisse Größe erreicht, so treten beim Fressen oder Spielen häufig kleine Verletzungen auf, sodass es zu Blutungen aus der Maulhöhle kommen kann.

Hinzu kommt, dass meist unter der Epulis die Selbstreinigung des Zahns stark vermindert ist, sodass der darunter liegende Zahn stark von Zahnstein befallen und geschädigt wird. Die Entfernung von Epulis, die in jedem Fall notwendig ist, geschieht dann – meist im Rahmen einer generellen Zahnsteinentfernung – per Hochfrequenz- oder Radiochirurgie. Dies ist eine moderne und für den Hund sehr schonende Operationstechnik, bei der das überschüssige Zahnfleisch mit einem kaum blutenden Schnitt sauber abgetrennt werden kann. Zur Verminderung einer Neuentstehung oder auch zum Rückgang von noch kleinen Epulisveränderungen wird die längere Gabe von täglich 1 Gabe Thuja D 6 empfohlen.

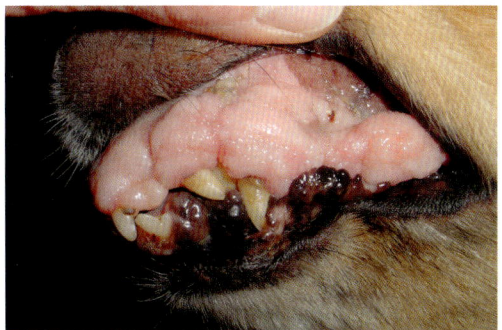

Epulis bei einem Hund. Bei Epuliden handelt es sich um gutartige Zahnfleischwucherungen, die tierärztlich entfernt werden müssen.

Zähne putzen?

Damit es gar nicht erst zur Zahnsteinbildung kommt, sollte man auch beim Hund eine regelmäßige Zahnreinigung durchführen. Am besten mit täglichem Zähneputzen, und zwar mit eigens dafür geeigneter Zahnpasta, die keine ätherischen Substanzen enthält, die für Hunde unverträglich sind.

Aber bei weitem nicht alle Hunde lassen sich eine regelmäßige Zahnreinigung gefallen, und häufig ist die Konsequenz der Halter auch nicht ausreichend, um wirklich täglich dem Hund die Zähne zu putzen. Ersatzweise greifen viele Hundebesitzer dann zu Kauartikel, die von vielen Herstellern zur Zahnreinigung angeboten werden. Aber auch diese sind, genau wie das Zähneputzen, nicht in der Lage, die Bildung von Zahnstein komplett zu verhindern. Die Entstehung von Zahnstein kann mit diesen Hilfsmitteln maximal um einen Faktor von etwa 30 Prozent vermindert werden.

Erkrankungen von Magen, Darm und Analbereich

Mit Abstand die häufigsten Beschwerden bei unseren erwachsenen Hunden sind Magen- und Darmerkrankungen, die sich meist in Form von Erbrechen oder Durchfällen zeigen. Die Ursachen sind hierbei mannigfaltig und sollen im Folgenden näher beschrieben werden. Auch die Erkrankungen der Analdrüse mit ihrem typischen Symptom des »Schlittenfahrens« sind bei erwachsenen Hunden immer wieder anzutreffen und werden hier weiter betrachtet und beschrieben.

Magen- und Darmerkrankungen

Der Magen-Darm-Trakt wird beim Hund, genauso wie beim Menschen, aufgeteilt von der

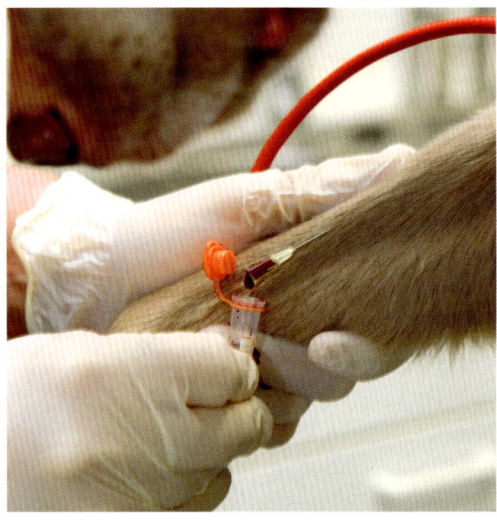

Zur Abklärung innerer Erkrankungen ist eine Blutentnahme beim Hund erforderlich.

Maulhöhle, über die Speiseröhre, den Magen, den Dünndarm, den Dickdarm bis zum After. Haupterkrankungen in diesem Bereich sind Erbrechen, Durchfall, Verstopfung und die von allen Hundehaltern zu Recht gefürchtete Magendrehung.

Erbrechen

Herauswürgen von Schleim (Achtung: Bitte nicht mit Husten verwechseln!) und Futter oder nur Erbrechen von gelblicher Flüssigkeit zeigt uns als Tierhalter unmittelbar eine Erkrankung des Hundes an. Ursächlich harmlos ist hierbei sicher das Erbrechen nach der Aufnahme von einer unverträglichen Nahrung, sei es als »Fundstück« unterwegs oder weil wir bei unserem Hund vielleicht einmal das Futter gewechselt haben und er damit nicht klarkommt. Meist bleibt hierbei das Erbrechen begrenzt auf einige wenige Male, und der Hund fühlt sich allgemein topfit. Dauert das Erbrechen jedoch an und ist es auch noch gepaart mit mehr oder weniger wässrigem Durchfall, handelt es sich in den meisten Fällen um eine infektiöse Magen-Darm-Erkrankung. Hier kommt es wie bei allen Infektionskrankheiten durch Kontakt mit ebenfalls erkrankten Hunden oder durch Beschnüffeln von erregerhaltigem Kot zu einer viralen oder bakteriellen Infektion des Magen-Darm-Traktes.

Egal wo die Ursache der Magenverstimmung liegt, ist Nahrungskarenz über 24 Stunden die erste Wahl in der Selbsttherapie. Viele Hundehalter neigen dazu, dem Hund viel zu früh wieder Futter anzubieten, um zu sehen, ob er denn immer noch erbricht. Dadurch wird jedoch die gereizte Schleimhaut des Magens aufrechterhalten, und der Hund wird weiter erbrechen.

Deshalb: So schwer es Ihnen auch fällt – halten Sie die notwendigen 24 Stunden absoluten Nahrungsentzugs strikt ein.

Wenn das Erbrechen nicht enden will und selbst Wasser immer wieder unmittelbar nach der Aufnahme den Weg nach draußen sucht, ist der Weg zum Tierarzt nicht zu vermeiden. Die Problematik in einem solchen Fall liegt in der verminderten Flüssigkeitszufuhr bei gleichzeitig durch das Erbrechen verursachtem Flüssigkeitsverlust. Ein Austrocknen des Hundes wäre somit eine nicht mehr abzuwendende Folge.

Erbrechen

Sofern Ihr Hund einen allgemein munteren Eindruck macht, gilt als oberstes Gebot bei häufigerem Erbrechen, dass er volle 24 Stunden lang absolut keine Nahrung zu sich nehmen darf. So schwer es Ihnen auch fällt – Sie tun sich und dem Hund keinen Gefallen, wenn Sie hier zu früh nachgeben. Erst nach Ablauf dieser 24 Stunden können Sie langsam wieder mit einer leichten Kost beginnen. Die Kombination von gekochtem Hühnchen und Reis hat sich hier bewährt. Diese sollten Sie dann über 2 bis 3 Tage fortsetzen, bis es dem Hund wieder besser geht.

Magendrehung

Jeder Besitzer eines großen Hundes mit einem tiefen Brustkorb, also etwa eines Riesenschnauzers, Schäferhundes, einer Dogge oder eines Rottweilers, sollte die Hauptsymptome dieser Erkrankung kennen:

Meist liegt die Futteraufnahme erst wenige Stunden zurück, wenn Ihr Hund plötzlich einen immer häufiger werdenden Brechreiz zeigt. Auffallend hierbei ist, dass kein Futter und keine gelbliche Galle erbrochen wird, sondern allenfalls wässriger Speichel. In solchen Fällen ist Vorsicht geboten, denn hier hat sich der Magen um seine Längsachse gedreht, und der Mageneingang hat sich quasi wie ein gedrehter Wasserschlauch verschlossen, sodass kein Inhalt mehr nach vorne oder hinten austreten kann. Der Magen füllt sich parallel zum auftretenden Brechreiz immer mehr mit Gasen, und der Hund zeigt kurz hinter dem Brustkorb eine deutliche Umfangsvermehrung, die beim Klopfen auf diese Stelle ein ganz typisches, einer Trommel ähnliches Geräusch aufweist.

Der Hund wird mit zunehmendem Krankheitsverlauf immer schlapper, was zum einen mit der massiven Füllung des Magens und zum anderen mit den begleitenden heftigen Kreislaufproblemen zusammenhängt. Der Magen ist im Bauchraum eng mit der Milz verbunden, sodass bei der Drehung des Magens auch die zur Milz gehenden Blutgefäße mit abgedreht werden. Eine Sauerstoffunterversorgung des Milz- und Magenbereichs mit beginnendem

Wichtig

Eine Magendrehung stellt einen lebensbe-
drohlichen Notfall dar, der innerhalb von
maximal 4 Stunden operiert werden muss,
wenn der Hund eine echte Überlebens-
chance haben soll.

Absterben dieser Organe lässt den Hund dann
sehr schnell in einen Schockzustand überge-
hen. Nur bei einem rechzeitigen operativen
Eingreifen besteht bei dieser hochakuten
Erkrankung noch eine Hoffnung auf ein
beschwerdefreies Leben des Hundes.
Theorien, nach denen der Zeitpunkt der Fütterung oder die Häufigkeit der Futtergabe über
den Tag die entscheidende Bedeutung für die
Magendrehung haben, sind letztendlich durch
die vielen Fälle der unterschiedlichen Hal-
tungs- und Fütterungsbedingungen der er-

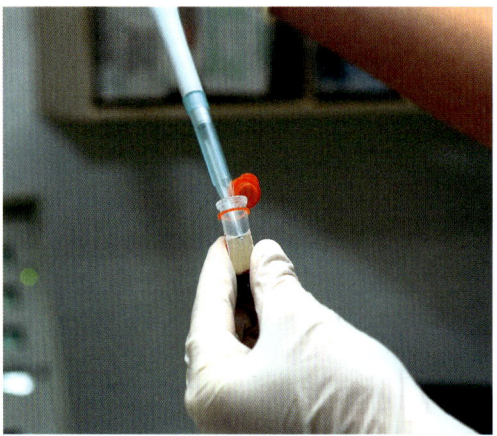

Zur genaueren Diagnostik von inneren Erkrankungen ist häufig eine Blutuntersuchung notwendig.

krankten Hunde widerlegt worden. Dennoch
ist es sicher ratsam, gerade großrahmige
Hunde eher 2-mal pro Tag und vor allem mit
konstantem Futter zu füttern, um vermehrte
Gasbildung im Magen durch einen Futter-
wechsel zu vermeiden.

Durchfall

Jeder Hundebesitzer kennt es: Der Vierbeiner
hat Durchfall. Bei einem Hund kann dieser mit
oder ohne gleichzeitiges Erbrechen vorkommen. Hierbei geht die Konsistenz des Kots
von weich über breiig bis wässrig und von der
Farbe her von normal dunkel bis zu hellgelb.
Auch geruchlich kann der Kot bei einer Durchfallerkrankung sehr stark von der Norm ab-
weichen.
Unabhängig von Form und Aussehen sind die
meisten Durchfälle bei unseren Hunden infektionsbedingt, ohne dass dabei eine erhöhte
Körpertemperatur zu messen ist. Ab und an
ist eine Durchfallerkrankung jedoch auch mit
einer Temperaturerhöhung von typischer-
weise nur 0,5 °C gepaart, sodass Temperaturen von 39,3 bis 39,5 °C gemessen werden
können. Bei deutlich höheren Körpertempera-
turen ist die Durchfallerkrankung meist nur
die Folge einer anderen erheblich schwerwie-
genderen Erkrankung (Parvovirose, Leptospirose, Bauchfellentzündung, Bauchspeichel-
drüsenentzündung etc.).
Solange es Ihrem Hund allgemein gut geht
und er einen munteren Eindruck macht, gilt
auch beim Durchfall genau wie beim Erbrechen als Grundregel: Erst einmal die Nahrung
für 24 Stunden entziehen bei gleichzeitig frei

zur Verfügung stehendem Wasser. Sollte der Kot nach dieser Zeit wieder fester sein, ist es meist möglich, mit einer Magen-Darm-Diät den Hund wieder anzufüttern. Hierzu eignet sich neben den kommerziell vor allem beim Tierarzt erhältlichen Diätfuttermitteln vor allem die Gabe von Reis und gekochtem Huhn in kleinen Mengen und häufigen Portionen. Unterstützend können Sie Ihrem Hund zum Aufbau einer wieder gesunden Darmflora Perenterol oder ähnliche Probiotika verabreichen, die Sie frei verkäuflich in der Apotheke bekommen. Die Dosierung entspricht hierbei bei einem kleinen Hund der Kinderdosis und bei einem großen Hund der Dosis für einen Erwachsenen. Da es sich um reine physiologische Darmbakterien handelt, ist eine Überdosierung bei Beachtung dieser Dosierung nicht möglich.

Hört der Durchfall nach 24 Stunden nicht wieder auf oder ist der Hund schlapp, trinkt nicht und zeigt durch Aufziehen der Bauchdecke und gekrümmten Rücken bei gleichzeitig stark angespannten Bauchdecken deutliche Schmerzsymptome, ist der Besuch beim Tierarzt zur näheren Diagnostik unvermeidbar.

Verstopfung

Insbesondere im Zusammenhang mit einer Verfütterung von Knochen kann es bei Hunden zu einer Verstopfung kommen. Hierbei gilt vor allem der Grundsatz, auf die Gabe von Knochen generell zu verzichten, wenn der Hund nicht an eine regelmäßige Knochenverfütterung gewöhnt ist. Bei Verwendung eines kommerziellen Hundefutters besteht für die

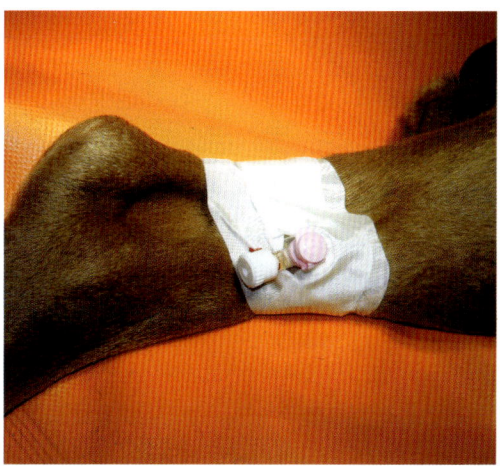

Bei einem hochgradigen Magen-Darm-Infekt wird zur Vermeidung der Austrocknung eine Venenverweilkanüle gelegt, um daran eine Infusion anschließen und so den Flüssigkeitsverlust auffangen zu können.

Verfütterung von Knochen sicher keine Notwendigkeit, und Literaturangaben belegen auch maximal 2 g Knochen pro Kilogramm

Durchfall

Analog zum Erbrechen gilt auch hier, sofern der Hund einen allgemein munteren Eindruck macht, eine ganz einfache Faustregel: Selbst wenn es Ihnen als Besitzer noch so schwer fällt: Geben Sie Ihrem Vierbeiner 24 Stunden keine Nahrung. Sofern der Durchfall dann besser ist, können Sie mit der altbewährten Huhn-Reis-Diät langsam wieder beginnen. Stellt sich keine Besserung ein, machen Sie sich bitte auf den Weg zum Tierarzt.

Erste Hilfe bei verschluckten Gegenständen

Wenn Sie gesehen haben, dass Ihr Hund einen spitzen Gegenstand verschluckt hat, hilft als Erstmaßnahme die Gabe von Sauerkraut. Bei kleinen Hunden reichen dafür 200 g, bei großen sollten es ca. 500 g sein. Das Sauerkraut wickelt sich um die spitzen Enden der Gegenstände und befördert sie so sicher auf natürlichem Wege nach draußen. Die meisten Hunde mögen Sauerkraut sehr gern, sodass dieses einfache Hausmittel sich recht leicht anwenden lässt.

Körpergewicht pro Tag bei regelmäßiger Gabe als sinnvoll.

Wenn Sie sicher sind, dass die Verstopfung mit der Knochenaufnahme zusammenhängt, können Sie leicht durch die Gabe von 50 ml Paraffinöl in die seitliche Backentasche des Hundes und ausreichende Bewegung Abhilfe schaffen.

Eine weitere Ursache für eine Verstopfung kann jedoch auch das Verschlucken eines nicht mehr durch den Darm gehenden Gegenstandes sein. Meist handelt es sich hier um Spielzeug, Bälle, kleine Kleidungsstücke, aber auch Angelhaken oder Ähnliches. Hierbei ist zwar auch der Darm nicht mehr durchgängig, und demnach sieht es für uns nach einer Verstopfung aus, jedoch kommt es durch den schnellen Rückstau von Speichel und Verdauungssäften sehr schnell auch zum Erbrechen. Vor allem jüngere verspielte Hunde sind dem-

entsprechend bei gleichzeitigem Versagen von Kotabsatz und Erbrechen von schleimiger Flüssigkeit unbedingt dem Tierarzt vorzustellen. Hilfreich bei sichtbarem Verschlucken von spitzen Gegenständen zur Vermeidung von Darmverletzungen oder von Darmverschlüssen ist die Gabe einer guten Menge Sauerkraut (kleine Hunde 200 g, große Hunde bis zu 500 g). Das Sauerkraut lagert sich um die Gegenstände und wickelt so die spitzen Enden ein.

Parasitäre Darmerkrankungen (Wurm- und Giardienbefall)

Irgendwann im Leben eines Hundes, meist schon im Welpenalter, wird der Hundehalter mit dem Auftreten von **Wurmbefall** bei seinem Vierbeiner konfrontiert. Einen wurmfreien Hund wird es wahrscheinlich nicht geben – selbst wenn die Wurmkur im monatlichen Rhythmus durchgeführt wird. Bereits der Welpe nimmt durch einen speziellen hormonabhängigen Zyklus bereits mit der Muttermilch seine ersten Wurmlarven auf und muss daher bereits in der Saugphase bereits ab dem 10. Tag regelmäßig mit geeigneten Mitteln entwurmt werden.

Unabhängig vom Alter sind es nicht die sichtbaren Würmer, die uns zu einer Kur gegen die möglichen Rund-, Spul-, Haken- oder Bandwürmer veranlassen sollten, sondern die Erkenntnis, dass eine Wurmkur nur unmittelbar zum Zeitpunkt ihrer Gabe wirkt und keine Depotwirkung hat. Würmer siedeln sich beim Hund im Darm an und geben in unregelmäßigem Abstand Eier ab, die mit dem Kot ausgeschieden werden. Diese Eier entwickeln sich in unterschiedlicher Art und Weise zu Larven und werden so wieder zum manifesten Wurm beim Hund.

Alle Würmer stellen auch für den Hundehalter ein stets unterschätztes Risiko dar, und viele Menschen haben selbst längst einen Wurmbefall, ohne es zu wissen. Auch hierbei gilt sicher die Tatsache, dass nur ein massiver Befall einen Schaden verursacht und auch nur bei gehäuftem Auftreten mit äußerlich sichtbaren Symptomen gerechnet werden kann. Einmalige Kotuntersuchungen sind kein Garant für eine genaue Diagnose, da die Würmer unregelmäßig ihre Eier absetzen und demnach nur eine Kotprobe über 3 Tage zu unterschiedlichen Zeit genommen eine Sicherheit von 70 Prozent ermöglicht. Empfohlen wird dementsprechend von den parasitologischen Gesellschaften die mindestens 4-mal-jährliche Gabe eines Wurmmittels. Bei bekannt starkem Wurminfektionsdruck oder bei Kleinstkindern im Haushalt wird sogar eine monatliche Wurmkurgabe beim Hund empfohlen, da die kürzeste Zeit, in der sich zum Beispiel auch ein Bandwurm im Hund festsetzen kann, mit ungefähr 6 Wochen angegeben wird.

Selbst regelmäßiges Händewaschen nach Hundekontakt vermindert nur das Risiko, selbst an einem Wurmbefall zu erkranken. Wurmeier werden von uns bereits beim Streicheln des Hundes mit den Händen aufgenommen und unter Umständen noch bevor wir das Waschbecken erreicht haben, bereits an der nächsten Türklinke hinterlassen. Und wer führt schon vor dem Schmieren einer Scheibe

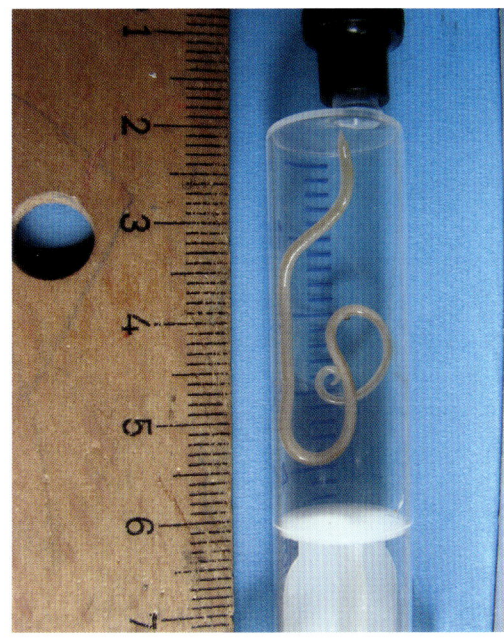

Würmer im Magen-Darm-Trakt von Hunden erreichen eine beträchtliche Länge, wie hier bei diesem Spulwurm zu sehen.

Brot, die wir mit den gleichen Fingern berühren wie eben diese Türklinke eine chirurgische Desinfektion seiner Hände durch?

Wurmkur – bitte regelmäßig!

Alle 3 Monate sollten Sie Ihren Hund entwurmen, um eine einigermaßen sichere Wurmfreiheit erzielen zu können. Die Gabe von Wurmkuren nach Kotproben ist nur bedingt zu empfehlen, da selbst 3 wurmfreie Kotproben an 3 aufeinanderfolgenden Tagen nur zu 70 % sicherstellen, dass der Hund keine Würmer hat.

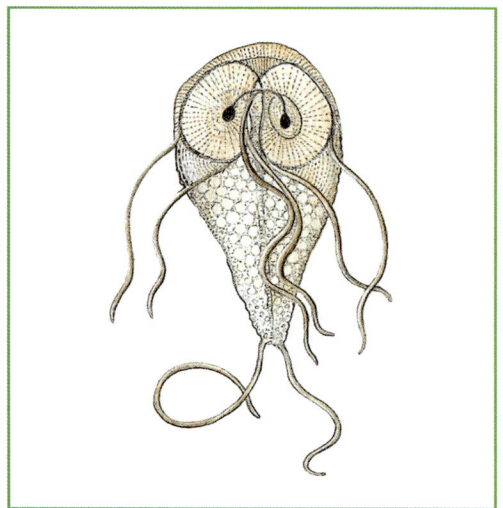

Giardien sind kleine Einzeller, die vor allem bei Junghunden vermehrt gefunden werden.

Eine weitere parasitologische Darmerkrankung unserer Hunde ist der Befall mit sogenannten **Giardien** – kleinen Einzellern, die sich in die Darmschleimhaut fressen und so zu Darmblutungen führen. Bei dieser Erkrankung, die insbesondere bei Jungtieren auftritt, stellen Sie vor allem eine unregelmäßige Kotkonsistenz fest. Einige Tage breiiger Kot, der dann wieder fest ist, Durchfall – teils auch mit Blut – wechselt sich ab mit ganz normalem Kot: Das sind die häufigsten Symptome, die in einer Tierarztpraxis berichtet und dann als Befall mit Giardien diagnostiziert werden. Leider sind die Zeiten, in denen der Giardienbefall auf unzureichende Hygiene in der Aufzucht beschränkt war, längst vorbei, und kein Hundehalter ist mehr frei vom Risiko des Auftretens eines Giardienbefalls bei seinem Hund. Letztendliche Sicherheit gibt hier nur die mikroskopische Kotuntersuchung. Bei positivem Befund wird dann über 3 bis 5 Tage ein entsprechendes Mittels verabreicht, was nach einem kurzen Zeitraum wiederholt werden muss.

Erkrankungen im Analbereich

Analbeutelentzündungen

»Mein Hund fährt Schlitten«, so hört man es in der Tierarztpraxis immer wieder, wenn beim Hund die Analdrüsen verstopft sind. Die Analdrüsen sind links und rechts neben dem After liegende Duftdrüsen des Hundes, die der Reviermarkierung dienen und meist entweder beim Kotabsatz oder durch Belecken des Hundes regelmäßig entleert werden. Vor allem wenn der Kot des Hundes über mehrere Tage eher breiig war oder wenn ein Rüde unter einer Prostataschwellung leidet, bei der der Durchmesser des Darmes eingeengt und die eigentliche »Kotwurst« vom Umfang her kleiner wird, kann es passieren, dass sich die Analdrüse über eine längere Zeit nicht von selbst entleert. Verhärtet sich dann das Sekret der Drüsen, verstopfen die Ausführungsgänge, und es kommt nicht selten zu einer Entzündung im Inneren dieser sackartigen Drüsen. Unbehagen des Hundes gepaart mit dem Unvermögen, die Drüsen zu entleeren, führt dann zu den typischen Symptomen des »Schlittenfahrens«. Hierbei setzt der Hund sich auf seinen Po und zieht sich mit seinen Vorderbeinen nach vorn, um sich dadurch eine Linderung des Drucks in den Analdrüsen zu verschaffen.

Hier kann der Tierarzt durch das manuelle Entleeren der Drüsen rasch Abhilfe schaffen. Kommt es häufiger dazu, dass die Analdrüsen dem Hund Schwierigkeiten bereiten, sollten Sie gemeinsam mit Ihrem Tierarzt die möglichen Ursachen besprechen und entsprechend agieren. Vielfach ist schon die Umstellung des Futters ein einfaches Gegenmittel.

Analtumoren

Vor allem unkastrierte Rüden entwickeln mit zunehmendem Alter manchmal rund um den After liegende Verdickungen, die sogenannten Anal- oder Perianaltumoren. Bei diesen Tumoren handelt es sich um meist weniger bösartige hormonbedingte Umfangsvermehrungen, die sich erst dann nach außen hinzeigen, wenn sie bereits eine gewisse Größe entwickelt haben.

Die Neigung dieser Tumoren, nach außen aufzubrechen, ist recht groß, und spätestens wenn der Hund sich vermehrt im Bereich des Afters leckt und dann auch blutige Flecken auf seinem Lager hinterlässt, wird man als Besitzer aufmerksam und untersucht die ansonsten vielleicht weniger beachtete Region. Knotenförmige Auftreibungen rund um den After, entweder vermehrt oberhalb oder vermehrt unterhalb, sind die typischen Anzeichen.

Eine Kastration und die Entfernung der Tumoren lässt eine vorsichtig gute Prognose zu. Die Metastasierungsneigung ist gering, sodass nach einer vollständigen Entfernung auch meist die nächsten Jahre nicht mit weiteren Problemen zu rechnen ist.

Damit Ihr Hund ein langes fröhliches Leben führen kann, sollte eine regelmäßige tierärztliche Kontrolle erfolgen.

Hernien (Brüche)

Hernien sind nach außen sichtbare Vorfälle von inneren Körpergeweben. Landläufig bezeichnet man Hernien auch als Brüche, also Nabelbruch, Leistenbruch etc.

Nabelbruch

Solange der Welpe im Mutterleib ist, laufen alle Gefäße, die für seine Versorgung notwendig sind, durch den Nabel. Mit der Geburt und der Durchtrennung der Nabelschnur wird diese Verbindung unterbrochen, und die Nabelschnur bildet sich innerhals weniger Tage zurück – sie vertrocknet und fällt einfach ab. Einzige Erinnerung daran bleibt nur der bei allen Säugetieren und auch dem Menschen sicht- und fühlbare Nabel.

Ist nun bei Ihrem Welpen im Bereich des Nabels eine deutliche Beule ertastbar, die zumeist eher weich als fest ist, hat Ihr Welpe einen Nabelbruch. In diesem Fall hat sich die Bauchmuskulatur in diesem Bereich nicht geschlossen und, je nach Größe, können durch dieses Loch selbst Darmanteile in den äußeren Bruchsack fallen. Wie groß die Gefahr ist, dass es dadurch möglicherweise sogar zu einem Darmverschluss kommt, kann nur durch einen Tierarzt eingeschätzt werden. Ob der Nabelbruch dann in einer kleinen Operation wieder verschlossen werden muss oder ob es sich einfach um einen kleinen Schönheitsfehler handelt, mit dem Ihr Welpe problemlos leben kann, sollten Sie dann direkt mit dem untersuchenden Tierarzt besprechen.

Leistenbruch

Vielleicht beobachten Sie bei Ihrer Hündin im Leistenbereich eine deutliche Vorwölbung, wenn der Hund auf dem Rücken liegt und sich wohlig kraulen lässt. Ziemlich sicher liegt dann bei Ihrer Hündin ein sogenannter Leistenbruch vor.

Fast ausschließlich sind Hündinnen von dieser Hernie betroffen, und nur in den seltensten Fällen muss der Leistenbruch beim Hund dann auch operiert werden. Fast immer handelt es sich nur um Binde- und Fettgewebe, das in den Bruchsack hineinfällt. Eie endgültige Entscheidung kann aber auch bei dieser Hernienform nur der Tierarzt treffen.

Dieser junge gesunde Hund hat sicherlich noch keine Probleme mit Hernien.

Erkrankungen von Leber und Bauchspeicheldrüse

Die Hauptstoffwechselfunktionen werden von der Leber und der Bauspeicheldrüse gewährleistet. Während in der Leber vor allem die Eiweiße und Fette der Nahrung in die für den Körper wichtigen Bestandteile zerlegt und wieder zusammengebaut werden, ist die Bauchspeicheldrüse insbesondere für die Erhaltung des Kohlenhydratstoffwechsels und den Erhalt der Zuckerkonzentration im Blut zuständig.

Diabetes mellitus (Zuckerkrankheit) und Hepatitis sind nur die bekanntesten Erkrankungen von Leber und Bauchspeicheldrüse.

Erkrankungen der Leber

Ihr Hund erbricht, er hat nur noch wenig Appetit, obwohl er doch sonst immer Hunger hatte. Er geht freudig zum gefüllten Napf und dreht sich dann angeekelt weg. Ihr Hund hat kein Fieber, ist aber dennoch lustlos. Ab

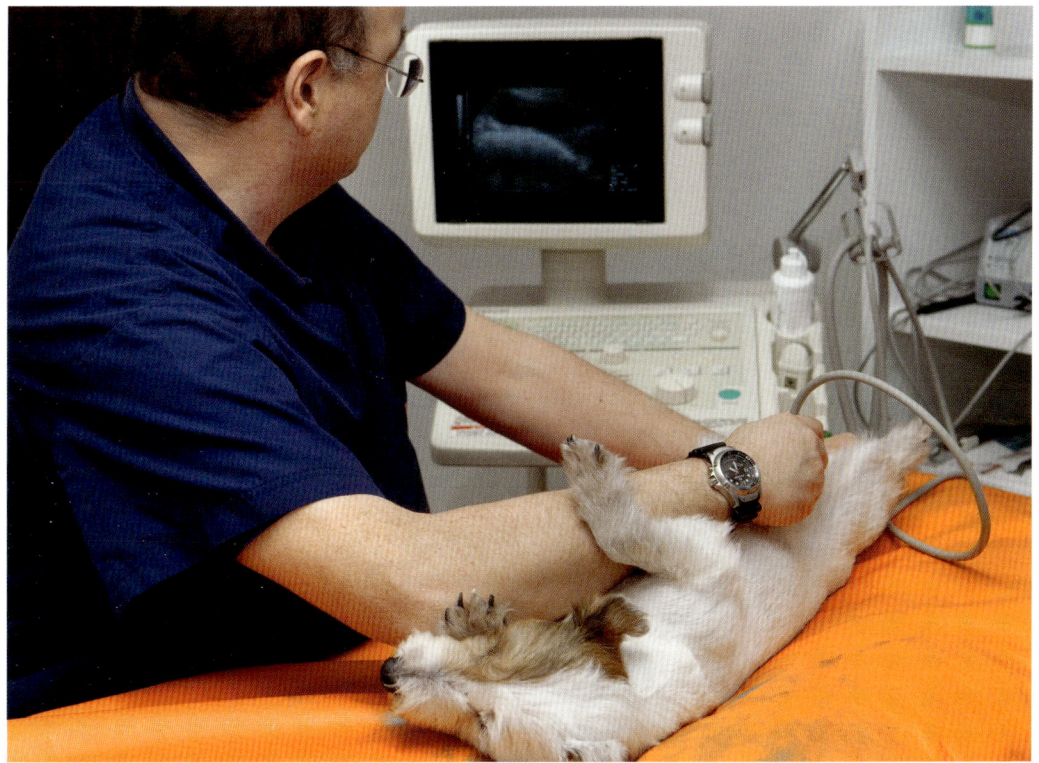

Ultraschalluntersuchung des Bauchraumes zur Feststellung von inneren Erkrankungen.

Vergiftungen

Immer wieder tauchen in meiner Praxis besorgte Hundebesitzer auf, die Angst haben, ihr Vierbeiner könne vergiftet worden sein. In den meisten Fällen beobachten die Besitzer plötzlich auftretende Bauchschmerzen mit hochgradigem Erbrechen, sehr oft begleitet von teilweise blutigem Kot. Zum Glück ist es aber meist keine Vergiftung, sondern nur eine sehr massive meist virale Magen-Darm-Erkrankung mit Zerstörung der Darmschleimhaut und bereits nach ein paar Tagen der tierärztlichen Behandlung und häuslichen Pflege wieder in Ordnung.

Letztendlich ist aber nur der Tierarzt in der Lage, entscheiden zu können, ob und wenn ja welche Art von Vergiftung bei Ihrem Hund vorliegt. Vielleicht können Sie ja die mögliche Vergiftungsursache benennen. Wo waren Sie spazieren, wo könnte Ihr Hund etwas aufgenommen haben? Haben Sie einen Verdacht?

Es ist beinahe unmöglich, auf die Herkunft des möglichen Giftes zu untersuchen, und die Suche nach dem betreffenden Gift kommt der berühmten Suche nach der Nadel im Heuhaufen gleich. Selbst die Mitnahme des Erbrochenen bringt uns hier nur bedingt weiter, da die Untersuchung aufgrund der erhobenen Befunde zuerst einmal auf mögliche Giftgruppen eingeschränkt werden muss. Sind die Pupillen Ihres Hundes weit oder eng? Wie reagiert der Hund auf Lichteinfall in die Augen? All das sind Dinge, die der Tierarzt prüfen wird, um Ihrem Hund zu helfen. In jedem Fall gilt es, sofort nach der von Ihnen beobachteten Giftaufnahme zum nächstmöglichen Tierarzt zu fahren. Meist ist es in den ersten Stunden noch möglich, das Gift durch ausgelöstes Erbrechen wieder aus dem Hund zu bekommen. Danach wird dann hoffentlich die Hilfe für Ihren Hund nicht mehr so schwierig, und die Vergiftung lässt sich ohne weitere Nachwirkungen beseitigen. Ein Sonderfall liegt dann vor, wenn der Hund **Rattengift** gefressen hat (siehe S. 67). Hierbei können bis zu 5 Tage vergehen, bis der Hund Vergiftungssymptome zeigt. Dann allerdings wird es höchste Zeit, und nur noch eine Blutübertragung ist dann in der Lage, Ihren Hund zu retten. Meist liegt Rattengift vor allem in Hinterhöfen oder an durch die Gemeinden markierten Stellen. Reitställe und Bauernhöfe arbeiten auch gerne damit, um ihre Gebiete rattenfrei zu halten. Zwar muss das Gift gesichert ausgelegt werden, aber unsere Hunde sind zum Teil sehr erfinderisch, was das Herankommen an wohlschmeckende Köder angeht.

Zum Glück sind Rattengiftköder entweder rot oder blau eingefärbt, sodass die Färbung um das Maul Ihres Hundes immer den ersten Hinweis bietet, dass etwas Schlimmes passiert sein könnte. Bleiben Sie dann aber ruhig, denn es besteht kein Grund zur Panik. Es reicht, den Hund erbrechen zu lassen und das passende Gegenmittel zu spritzen.

und an ist auch der Kot eher weich als fest, und teilweise ist es eher Durchfall.

All das sind Anzeichen, die auf eine Leberproblematik hinweisen können. Meist ist zu Beginn einer Lebererkrankung bei einem Hund aber nur vermehrte Müdigkeit feststellbar. Ihr Hund hat nicht mehr so großen Leistungswillen, er schläft viel und will gar nicht mehr spielen. Warten Sie nicht, bis bei einer hochgradigen Lebererkrankung bei Ihrem Hund gelbliche Schleimhäute im Maulbereich und an den Schleimhäuten der inneren Seiten der Augenlidern sichtbar werden, bevor Sie zum Tierarzt gehen. Über eine Blutuntersuchung und eine anschließende Ultraschalluntersuchung kann er feststellen, ob es sich um eine bakteriell oder viral verursachte Leberentzündung oder um eine Leberzirrhose handelt. Bei der Leberzirrhose bildet sich das Lebergewebe zugunsten von Narbengewebe zurück, und die Leber ist somit nicht mehr in der Lage, ihre Funktionen im Stoffwechsel zu erfüllen.

Tritt bei Ihrem Hund nun eine Lebererkrankung auf, können Sie als unterstützende Maßnahme vor allem die homöopathischen Medikamente Flor de Piedra und Mariendistelpräparate anwenden. Weiterhin ist de Gabe einer Diät zu empfehlen, die die Leber möglichst wenig belastet. Hochwertiges Eiweiß und geringe Fettmengen sind hierbei nur ein paar Stichworte.

Als mögliche Ursache einer Lebererkrankung muss auch die sogenannte Stauungsleber angesprochen werden, die als Folge einer Herzinsuffizienz auftreten kann. Hierbei, aber auch bei den anderen Lebererkrankungen,

kann als für Sie erkennbares Symptom der deutlich verhärtete, schmerzhafte und mit Flüssigkeit gefüllte Bauchraum beobachtet werden.

Erkrankungen der Bauchspeicheldrüse

Neben der Leber zählt die Bauchspeicheldrüse oder Pankreas zu den Organen, die für die Verdauung des Hundes verantwortlich sind. Sie wird unterteilt in den für die Verdauung notwendigen exokrinen Anteil (hier werden verschiedene Enzyme zur Verdauung von Fetten, Kohlenhydraten und Eiweiß gebildet und in den Darm abgegeben) und in den endokrinen Anteil, der wohl den meisten Hundehaltern bekannt sein dürfte. In diesem Anteil wird die Insulinproduktion und dessen Abgabe ins Blutsystem zur Regulation des Zuckergehaltes in den Zellen geregelt.

Pankreasunterfunktion

Beschäftigen wir uns zuerst mit dem exokrinen Anteil. Liegt hier etwas im Argen, so zeigt sich dies meist zunächst durch eine Veränderung der Kotkonsistenz. Mal weich, mal fest, mehr oder weniger hellbraun bis gelblich gefärbter Kotabsatz sind Hauptsymptome, die uns einen Hinweis auf eine Bauchspeicheldrüsenerkrankung geben. Auf längere Sicht bemerkt man meist noch eine Abmagerung des Hundes bei gleichzeitig gutem Appetit und sicher unter gesunden Umständen auch ausreichenden Futtermengen. Wenn eine

Nur durch eine Blutuntersuchung kann die Organgesundheit dieses Airedale Terriers bestätigt werden.

Entwurmung des Hundes regelmäßig durchgeführt wurde und auch die angefertigte Kotuntersuchung auf einen eventuellen Giardienbefund negativ war, sollte man an eine Bauchspeicheldrüsenunterfunktion denken. Die Produktion der Verdauungsenzyme durch die Bauchspeicheldrüse ist dann herabgesetzt. Im Futter enthaltenes Eiweiß, Kohlenhydrate und Fett wird ungenügend aufgeschlossen, und Ihr Hund bekommt Durchfall, der durch die erhöhte Fettbeimengung gelblich erscheint.

Ob die Unterfunktion der Bauchspeicheldrüse ihre Ursache in einer Autoimmunerkrankung hat, bei der Antikörper des Hundes gegen die eigene Bauchspeicheldrüse produziert werden, oder in einer entzündlichen Veränderung, kann letztendlich nur eine Blutuntersuchung klären.

Bei einigen Hunderassen kommt eine Bauchspeicheldrüsenerkankung gehäuft vor, sodass auch eine rassebedingte Neigung dazu angesprochen werden muss. Bei einer nicht entzündlichen Pankreasinsuffizienz kommen Sie dann nicht mehr umhin, eine speziell für Ihren Hund berechnete Diät zu füttern, die sich vor allem dadurch auszeichnet, dass hochwertiges Eiweiß, begrenzte Fettmengen und leichtverdauliche Kohlenhydrate gegeben werden müssen. Mittlerweile haben viele Hundefutterhersteller eigens für diese Erkrankung geeignete Diätfuttermittel auf den Markt gebracht, die in einem leichten Fall der Unterfunktion durchaus ausreichen können.

In den auch so nicht zu regulierenden Fällen wird Ihr Tierarzt Ihnen den Ersatz der Pankreasenzyme über die Nahrung empfehlen. Mit diesen Maßnahmen ist Ihr Hund in der Lage, ein beschwerdefreies Leben zu führen. Die Kotkonsistenz normalisiert sich, und auch die Gewichtsabnahme kann eingedämmt werden. Handelt es sich bei Ihrem Hund hingegen um eine entzündliche Form der Bauchspeicheldrüsenunterfunktion, kann diese beinahe immer durch geeignete Entzündungshemmer behandelt werden.

Welche Form bei Ihrem Hund vorliegt, lässt sich jedoch, wie schon gesagt, nur durch eine speziell darauf abgestimmte Laboruntersuchung feststellen.

Pankreatitis

Von diesen eher chronischen Fällen muss bei der Bauchspeicheldrüse die ganz akute und häufig sehr dramatisch verlaufende und lebensbedrohende Pankreatitis unterschieden werden. Hierbei werden Sie als aufmerksamer Hundebesitzer unmittelbar einen sehr kranken Hund beobachten können. Teilweise hohes Fieber, Inappetenz, Erbrechen, hoch schmerzhafter Bauchraum, eher weicher Kot und vollständig apathisches Verhalten sind die meist zu beobachtenden Symptome, und ein sofortiger Tierarztbesuch ist unbedingt notwendig. Der Tierarzt kann dann anhand einer Blutuntersuchung die Diagnose stellen. Die Problematik bei dieser Erkrankung liegt nicht in einer Unterfunktion der Enzymproduktion, sondern in der Freisetzung der Enzyme in die Bauchhöhle.

Normalerweise gibt die Bauchspeicheldrüse ihre Verdauungsenzyme über einen Ausführungsgang in den Darm ab. Im Fall einer Pankreatitis jedoch werden die Enzyme durch die Zerstörung des Gewebes auch in den Bauchraum abgegeben. Da die Enzyme nicht zwischen körpereigenen Fetten, Eiweißen und Kohlenhydraten unterscheiden können, beginnen sie so mit der Zerstörung der im Bauchraum vorhandenen Strukturen. Nur eine unmittelbare intensivmedizinische Versorgung Ihres Hundes ist dann noch in der Lage, das Tier zu retten.

Diabetes mellitus

Bereits bei den Pankreaserkrankungen angesprochen, unterscheiden wir bei der Bauchspeicheldrüse den exokrinen vom endokrinen Anteil. Während der exokrine Anteil Verdauungsenzyme bildet, werden vom endokrinen Anteil Hormone ins Blutgefäßsystem abgege-

Häufiges Trinken ist ein typisches Symptom der Zuckererkrankung.

ben. Die hier gebildeten Hormone sind das Glukagon und das sicherlich besser bekannte Insulin.

Trinkt Ihr Hund deutlich mehr als früher? Muss er somit auch deutlich mehr raus, oder setzt er sogar seinen Urin im Zimmer ab, weil er es nicht mehr schnell genug nach draußen schafft? Haben Sie das Gefühl, dass Ihr Hund nicht mehr so leistungsfähig ist wie früher? Dann sollten Sie bei Ihrem Tierarzt eine Blutuntersuchung machen lassen, was der Grund für dieses erhöhte Wasserbedürfnis ist.

Vor allem übergewichtige Hunde sind dabei mit zunehmendem Alter auch die typischen Vertreter der Zuckerkrankheit, landläufig auch als Diabetes bezeichnet (landläufig deshalb, weil es zwei verschiedene, vollständig unabhängige Diabetesformen gibt: den Diabetes mellitus oder auch Zuckererkrankung, und

den Diabetes insipidus, die sogenannte Wasserharnruhr, bei der der Urin nicht mehr konzentriert werden kann und das aufgenommene Wasser einfach wieder ausgeschieden wird, ohne ausreichend im Körper aufgenommen zu werden). Bei dieser Stoffwechselerkrankung wird von der Bauchspeicheldrüse zu wenig Insulin gebildet, und die im Blut durch die Nahrung vorhandene Glucose kann nicht als Energielieferant in die Körperzelle gelangen. Somit wird zwar der Zuckergehalt im Blut immer höher, die Zellen selbst jedoch bekommen keine Energie. Der Körper versucht nun dem Defizit der Zellen entgegenzuwirken und beginnt mit einem massiven Abbau von Fett und Muskeleiweiß.

Mit der Zeit werden Sie demnach bei Ihrem Hund zusätzlich zum vermehrten Durst auch eine Abmagerung feststellen. Mit Fortschrei-

Die Zuckerkrankheit kann bereits bei einem Welpen auftreten. Auch hier führt nur die Blutuntersuchung zur Diagnose.

ten der Erkrankung wird der Körper immer mehr Körpersubstanz abbauen. Die hieraus gewonnene Energie in Form von Glukose ist aber auch nicht in der Lage, die fehlende Glukose in den Körperzellen zu ersetzen, da durch das fehlende Insulin für die freigesetzten Kohlenhydrate ein Eindringen in die Zelle nicht möglich ist. Die massive Anhäufung der beim Abbau entstehenden Abfallstoffe kann dann im weiteren Verlauf der Erkrankung bis zum sogenannten Zuckerschock – dem diabetogenen Koma – führen, in dem Ihr Hund vollständig schlapp auf dem Boden liegt, zum Teil Krämpfe hat und schließlich in eine Bewusstlosigkeit fällt. Dieser Zustand ist absolut lebensbedrohlich und bedarf der sofortigen tierärztlichen Behandlung.

Am häufigsten sind vom Diabetes mellitus Hündinnen betroffen und hier eben vor allem die deutlich übergewichtigen. Anscheinend sind es die weiblichen Geschlechtshormone, aber auch die zur Läufigkeitsunterdrückung verwendeten Hormone, die eine Zuckerkrankheit begünstigen können. Häufig wird die Entstehung der Zuckererkrankung auch in direktem Zusammenhang mit einer Läufigkeit gesehen. Nach Abschluss der Läufigkeit ist das massive Durstgefühl dann erst einmal wieder weg, um in der folgenden Läufigkeit jedoch wieder aufzutreten. Nur eine Kastration der betroffenen Hündinnen kann die vollständige Entstehung der Zuckerkrankheit eventuell noch verhindern. Wird nun bei Ihrem Hund Diabetes mellitus diagnostiziert, ist der Hund auf die Gabe von Insulin angewiesen. Das Handling werden Sie sehr schnell erlernen, und ist Ihr Hund erstmal auf seine individuelle

Mein besonderer Tipp

Auch wenn Sie es nur gut mit Ihrem Hund meinen: Achten Sie darauf, dass er kein Übergewicht ansetzt, denn auch das kann langfristig zu Diabetes führen. Achten Sie zudem darauf, ihn kohlenhydratarm und eiweißreich zu ernähren.

Dosis eingestellt, können Sie mit Ihrem Liebling bei regelmäßiger Kontrolle des Blutzuckerwertes wieder ein recht beschwerdefreies Leben führen. Beim Hund wird erst mit dem Urin Glucose ausgeschieden, wenn die Blutzuckerdosis bereits den doppelten Normalwert (Norm = 100) überschritten hat. Somit ist die positive Zuckermessung im Urin des Hundes mit Hilfe eines Urinsticks immer ein sicheres Anzeichen einer nicht ausreichenden Einstellung (> 200) und muss durch den Tierarzt neu angepasst werden.

Zusätzlich zur Insulingabe können Sie bei Ihrem Hund auch von der Ernährungsseite her etwas tun. Abspecken bis zum Idealgewicht und eine möglichst kohlenhydratarme, aber eiweißreiche Ernährung sind hierbei die entscheidenden Hilfsmittel, um die Insulinmenge möglichst gering zu halten. Bieten Sie Ihrem Hund nämlich nur wenig Kohlenhydrate an, wird er versuchen, die notwendige Zuckermenge aus dem Nahrungseiweiß zu produzieren, sodass die Zuckermenge im Blut den gewünschten Wert eben möglichst nicht überschreitet. Diese Diäten können Sie sicher bei Ihrem Tierarzt erhalten.

Erkrankungen von Schilddrüse und Nebennieren

Die Schilddrüse erfüllt beim Hund vielfältige Funktionen durch die Ausschüttung des Schilddrüsenhormons Thyroxin und seiner Umbauprodukte. Anatomisch liegt die Schilddrüse am vorderen Hals unterhalb des Kehlkopfes und umfasst die Luftröhre halbkreisförmig. Die hier produzierten Hormone sind an vielen Stoffwechselvorgängen der Verdauung beteiligt. Zudem spielen sie eine große Rolle während der Wachstumsphase des Hundes sowie bei zahlreichen Vitalfunktionen des Körpers (Herztätigkeit, Muskulatur, Nervengewebe, Hautstoffwechsel). Die Produktion von Schilddrüsenhormonen wird jeweils vom Körper bedarfsgerecht gesteuert und unterliegt hierbei einem sehr feinen Regulationsmechanismus. Eine Störung hat immer vielfältige Auswirkungen auf den Gesamtorganismus.

Was deutet denn nun auf eine Schilddrüsenunterfunktion bei Ihrem Hund hin? Die ersten Anzeichen, die Sie in den meisten Fällen feststellen können, sind meist eine symmetrisch im Lendenbereich veränderte Haardichte. Die Haut wird sichtbar, und die Haare fallen aus. Die Haut ist jedoch nicht gerötet und auch nicht entzündet. Juckreiz fehlt an diesen Stellen beinahe immer. Zudem erscheint das Areal des betroffenen Bereiches zumeist kälter als die umliegende, nicht betroffene Haut. Meist sind die erkrankten Hunde auch eher träge und neigen zu schnellem Ansetzen von Körpermasse, sicherlich verursacht durch unbändigen Fresstrieb und Nachgeben des Futterwunsches durch den Besitzer. Die Herzfrequenz ist häufig deutlich verlangsamt. Meist sind Hunde, die an einer Schilddrüsenunter-

Schilddrüsenunterfunktion

Unter einer Schilddrüsenunterfunktion, auch als Hypothyreose bezeichnet, versteht man den Mangel an Schilddrüsenhormon, verursacht durch eine zu geringe Aktivität der Schilddrüse. Diese Form der Schilddrüsenerkrankung kann bereits angeboren sein, tritt jedoch häufiger als nachträglich erworbene Form auf. Auch wenn die Schilddrüsenunterfunktion bei allen Hunden vorkommen kann, so stellt man in der Praxis immer wieder fest, dass einige Rassen wie zum Beispiel Retriever deutlich häufiger betroffen sind.

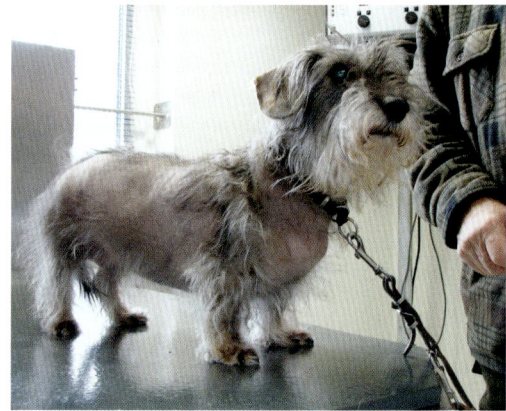

Symmetrische Haarlosigkeit wie bei diesem Rauhaardackel ist ein typisches Kennzeichen von Schilddrüsenerkrankungen oder von Morbus Cushing.

funktion leiden, auch steril und der Zyklus der Hündin tritt in unregelmäßigen Abständen auf. In einigen Fällen werden Sie bei Ihrem Hund obendrein eine Lahmheit erkennen, die aber häufig nicht genau zu lokalisieren ist. In letzter Zeit stellen wir in der Praxis im Zusammenhang mit Schilddrüsenunterfunktionen oder sehr niedrigen Werten auch Verhaltensauffälligkeiten der vierbeinigen Patienten fest. So können plötzliche Aggressionen von Hunden ihre Ursache im Bereich der Schilddrüsenfunktionsstörung haben.

Der Weg zum Tierarzt ist bei Verdacht auf eine Schilddrüsenunterfunktion nicht zu vermeiden. Die genaue Diagnose erfolgt anhand einer Blutuntersuchung, bei der speziell die Schilddrüsenhormone bestimmt werden. Meist wird im Anschluss an einen ersten Wert dann ein sogenannter Stimulationstest durchgeführt, der eine genaue Aussage über die mögliche Reaktionsfähigkeit der Schilddrüse auf die jeweilige Anforderung des Körpers offenlegt. Die Therapie der Schilddrüsenunterfunktion des Hundes erfolgt durch die Gabe von Schilddrüsenhormonen und ist in den allermeisten Fällen lebenslang notwendig.

Schilddrüsenüberfunktion

Im Gegensatz zur Schilddrüsenunterfunktion liegt bei der Hyperthyreose eine vermehrte Produktion von Schilddrüsenhormonen vor. Symptomatisch erkennen Sie bei Ihrem Hund hierbei vor allem ein nervöses Verhalten, zunehmende Abmagerung, eine meist erhöhte Herzfrequenz und deutlich erhöhten Durst.

Gut zu wissen

Schilddrüsenüberfunktionen können sich auch einmal in Verhaltensauffälligkeiten äußern. Denken Sie daher bei plötzlichen Aggressionen, aber auch bei unmotiviert auftretenden Angst- oder Stresszuständen Ihres Hunde auch daran, die Schilddrüsenwerte abklären zu lassen.

Die Schilddrüsenüberfunktion des Hundes gehört zu den eher seltenen Erkrankungen und ist meist verursacht durch eine tumoröse Veränderung des Schilddrüsengewebes. Als Therapiemöglichkeiten bestehen für eine Hyperthyreose neben passenden Unterdrückungsmedikamenten noch die operative Entfernung und, in einigen dafür spezialisierten Kliniken, die Bestrahlung des erkrankten Gewebes.

Morbus Cushing

Morbus cushing (gesprochen: kusching) ist eine schwerwiegende Erkrankung der Nebennieren des Hundes. Die Nebennieren liegen an den vorderen Polen der beiden Nieren, haben jedoch in ihrer Funktion nichts mit ihren Nachbarn zu tun. Es sind vielmehr Drüsen, die unterschiedliche Hormone produzieren, die einerseits für den Salz- und Wasserhaushalt notwendig und zum anderen für den Blutdruck zuständig sind. Zusätzlich haben die Nebennieren durch die von ihnen produzierten Stoffe einen hohen Einfluss auf die

Geschlechtsfunktion beider Geschlechter und sind beteiligt an vielen Funktionen des Zellstoffwechsels.

Die häufigste Erkrankung dieser Strukturen, die als Folge einer gestörten Funktion der Nebennieren auftritt, ist der sogenannte Morbus cushing, auch als Cushing-Syndrom bezeichnet. Der Auslöser dieser Fehlfunktion ist meist eine Tumorerkrankung der Nebennieren selbst oder der Anteile des Gehirns, die für die Regulation der Nebennieren zuständig sind. Es kommt hierbei zu einer deutlich vermehrten Produktion von cortisonähnlichen Hormonen mit den dazugehörenden typischen Anzeichen: starker Durst, extreme Fressneigung, ständiges Hecheln und vor allem ein in seinem Erscheinungsbild veränderter Körper. Die Form des Hundes ändert sich dahingehend, dass man von einer sogenannten Stammfettsucht spricht. Typische äußere Erkennungsmerkmale sind dünne Beine bei stark aufgedunsenem Körper.

Begleitet werden diese Erscheinungen von vermehrt haarlosen Stellen im gesamten Rumpfbereich mit teilweise stark entzündlichen Veränderungen.

Auch hier kann die Diagnose nur bei einem Tierarzt durch eine Blutuntersuchung gestellt werden. Ähnlich wie bei der Schilddrüsendiagnostik ist eine Blutuntersuchung notwendig. Die Therapie erfolgt dann mit Präparaten, die die Produktion von Nebennierenhormon unterdrücken.

Zwei hochaktive Parson Russell Terrier im Spiel, die sicher keinerlei Anzeichen einer Organerkrankung aufweisen.

Erkrankungen von Niere und Blase

Die Nieren sind das Filtersystem zur Ausscheidung der im Stoffwechsel produzierten Abfallstoffe. Sie sind so aufgebaut, dass das gesamte Blut durch ein Röhrensystem läuft, in dem die wichtigen Stoffe zurückgehalten und die Abfallstoffe in die harnableitenden Wege geführt werden, um mit dem Urin ausgeschieden werden zu können.

Die Blase bildet das Auffangorgan für den Urin. Nur durch die Blasenkapazität ist das Tier in der Lage, teilweise mehrere Stunden ohne Urinabsatz auskommen zu können.

Nierenerkrankungen

Niereninsuffizienz

Bei einer Niereninsuffizienz ist die Filterwirkung des Röhrensystems zerstört. Für den Körper notwendige Flüssigkeit wird nicht mehr zurückgehalten, und teilweise lebensnotwendige Bestandteile wie zum Beispiel einige kleine Eiweiße werden mit dem Urin ausgeschieden. Gleichzeitig werden im Blut Abfallstoffe zurückgehalten. Zu den für den Körper schädlichsten Abfallstoffen zählt hierbei das Zellgift Harnstoff, das beim Eiweißstoffwechsel entsteht. Hier liegen auch die für Sie als Hundehalter erkennbaren Veränderungen bei einer Niereninsuffizienz begründet. Harnstoff zerstört Schleimhäute, und Harnstoff ist in der Lage, in das Gehirn des Hundes einzudringen. Erbrechen, ausgelöst durch eine harnstoffbedingte Schleimhaut-

Auch wenn dieser Bretone sehr gesund erscheint, könnte er trotzdem eine äußerlich nicht sichtbare beginnende Niereninsuffizienz haben.

reizung, Durchfälle durch eine ebenso bedingte Darmschleimhautreizung und veränderte Kotzusammensetzung, Uringeruch aus der Schnauze des Hundes und ein deutlich vermehrtes Wasserbedürfnis mit erheblichen Urinmengen sind typische Anzeichen für eine

Niereninsuffizienz, die nur durch eine tierärztliche Blutuntersuchung in ihrem Schweregrad beurteilt werden kann.

Leider ist eine klassische Niereninsuffizienz in ihrem Verlauf nicht mehr heilbar. Jedoch gibt es mannigfaltige Möglichkeiten, das Fortschreiten der Erkrankung aufzuhalten. Bei noch funktionsfähigem Nierengewebe lässt sich auch mithilfe der komplementären Tiermedizin die Krankheit stoppen. Ubichinon, Coenzym und Solidago, Präparate aus der sogenannten Homotoxikologie der Firma Heel, sind sogar häufig in der Lage, Blutwerte deutlich zu verbessern und die Erkrankung selbst zum Stillstand zu bringen. Zusätzlich dazu gibt es einige kommerziell erhältliche Diäten, die die Niereninsuffizienz in ihrem Ausmaß beschränken. Eine Dialyse (Blutwäsche), wie sie in der Humanmedizin möglich ist, gibt es in der Tiermedizin nicht, und es ist auch fraglich, ob ein Tier sich an einen zweitägigen, sehr belastenden Dialysezyklus überhaupt gewöhnen ließe.

Blasenerkrankungen

Zystitis

Setzt Ihr Hund in den letzten Tagen deutlich mehr Harn ab, oder versucht er Harn abzusetzen, aber es kommen nur einige wenige Tropfen? Ist Blut im Urin sichtbar als rötliche Verfärbung? Dann ist es sehr wahrscheinlich, dass Ihr Hund eine Blasenentzündung, auch Zystitis genannt, hat.

Zystitiden werden beim Hund ähnlich wie beim Menschen meist bakteriell ausgelöst und sind in jedem Alter und im Gegensatz zur Humanmedizin auch bei Rüden recht häufig.

Bei jeder Blasenentzündung muss unbedingt bei der ersten tierärztlichen Antibiotikagabe eine Tupferprobe zur Bestimmung der Bakterienart und der Wirksamkeit der Antibiose genommen werden. Leider sind in letzter Zeit häufig die Bakterien sehr resistent gegenüber den bislang routinemäßig eingesetzten Antibiotika. Immer wieder auftretende Blasenentzündungen oder gar nicht erst heilbare Blasenentzündungen sind die Folge. Nur nach einer erfolgten Resistenzbestimmung kann dann das passende Antibiotikum über mehrere Tage verabreicht und eine dauerhafte Heilung erzielt werden.

Urolithiasis

Stellen Sie bei Ihrem Hund immer häufiger Harndrang fest und ist immer wieder Blut dabei, oder aber Ihr Hund ist, vor allem wenn es sich um einen Rüden handelt, teilweise nicht in der Lage Urin abzusetzen und hat beim Harnabsatz sogar Schmerzen? Dann muss unbedingt über eine Ultraschalluntersuchung und eine Urinanalyse festgestellt werden, ob Ihr Hund Harnsteine oder in weniger großer Form Harngries in seinen harnableitenden Wegen hat.

Diese Konkremente scheuern an den Schleimhäuten, verursachen dadurch deutliche Schwellungen derselben und führen durch ihren Abrieb auch zu blutig entzündlichen Veränderungen. Im extremen Fall wird durch solche auftretenden Steinchen die Harnröhre vollständig verschlossen, sodass die Blase

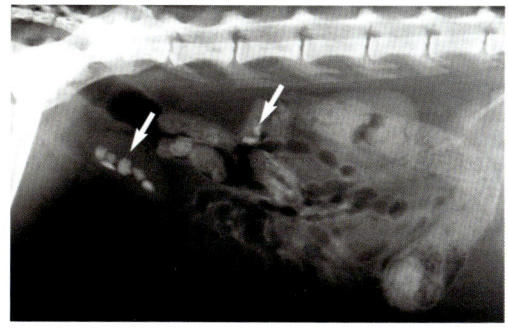

Auch an Nierensteine (Pfeile) muss bei einer Harnwegserkrankung gedacht werden.

sich bis zum Bersten füllt, ohne dass Harn abgesetzt werden kann. Eine sofortige tierärztliche Behandlung kann dem Hund in diesem hochschmerzhaften Prozess dann Linderung verschaffen und den Abfluss des Urins wieder ermöglichen.

Wieder zu Hause, werden Sie Ihrem Hund dann in Zukunft eine spezielle Diät füttern müssen, die je nach Steinanalyse passend zusammengesetzt ist, um der Entstehung neuer Konkremente vorzubeugen und eventuell noch vorhandene Reste aufzulösen. Bei der Harnsteinenstehung handelt es sich um eine Stoffwechselerkrankung, die einer lebenslänglichen Behandlung bedarf.

Harninkontinenz

Sie haben eine Hündin, und eines Morgens ist die Decke im Korb Ihres Hundes nass. Üblicherweise fragen Sie sich dann: Waren Sie zu früh vor der Nacht mit dem Hund draußen? Hat der Hund schlecht geträumt? Erstmal abwarten. Vielleicht war es ja nur einmal.

Aber leider kommt es dann häufiger vor, und auch am Tage immer dann, wenn der Hund irgendwo völlig entspannt liegt.

Ihr Hund ist also inkontinent, aber warum? Der Gang zum Tierarzt bringt Ihnen dann die Ursache näher. Etwa 20 Prozent aller kastrierten Hündinnen – vor allem größerer Rassen – werden irgendwann nach der Kastration wegen des Fehlens der Östrogene durch das Entfernen der Eierstöcke inkontinent. Zum Glück muss damit jedoch niemand leben, und es gibt bei Ihrem Tierarzt verschiedene Präparate, die sehr zuverlässig das Problem beseitigen.

Haben Sie jedoch keine kastrierte Hündin, sondern einfach nur einen älter werdenden Hund, ist eine auftretende Inkontinenz nicht so einfach zu behandeln, und vor einer möglichen Therapie steht erst einmal eine aufwendige Diagnose, denn die Ursachen können sehr vielfältig sein. Sind es Rückenprobleme, ist es eine Nierenerkrankung, ist es eine sogenannte Balkenblase durch eine seit Langem bestehende andere Grunderkrankung, die

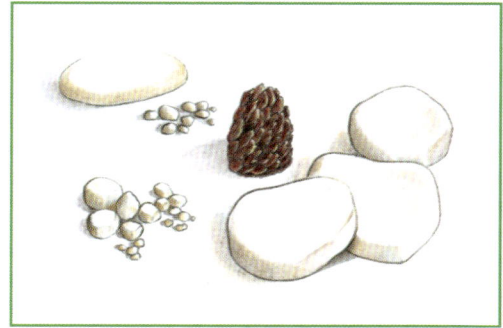

Da die verschiedenen Harnsteine einer unterschiedlichen Therapie bedürfen, ist die mikroskopische Differenzierung notwendig.

Inkontinenz muss kein Dauerzustand sein

Für viele Hundehalter ist die Feststellung, dass der Hund inkontinent ist, ein Schock. Aber haben Sie keine Angst – je nach Ursache der Erkrankung ist dieser Zustand sehr gut behandelbar und vielfach auch heilbar.

jetzt zum Überlaufen der Blase führt, die sich nicht mehr geregelt selbst entleeren kann? Oder ist es eine Überaktivität des Blasenmuskels, der bereits bei gering gefüllter Blase dieselbe entleert?

Für diese zahlreichen verschiedenen Ursachen gibt es ähnlich viele Therapieansätze, die auch in den meisten Fällen wieder zur »Abdichtung« Ihres Hundes führen. Für den Fall einer altersbedingten Rückenerkrankung zum Beispiel reicht sehr oft eine 3-malige Neuraltherapie, damit der Hund häufig für lange Zeit nicht mehr inkontinent ist. Dabei wird ähnlich wie bei der Akupunktur mithilfe einer Nadel an bestimmten Punkten ein Lokalbetäubungsmittel in Kombination mit einem homöopathischen Präparat verabreicht.

Das Markieren des Rüden gehört zu seinen geschlechtsspezifischen Verhaltensweisen.

Erkrankungen der Fortpflanzungsorgane

Während die Erkrankungen der männlichen Fortpflanzungsorgane mit Ausnahme des Vorhautkatarrhs eher den älteren Hund betreffen, kommen die Erkrankungen der weiblichen Fortpflanzungsorgane mehr oder weniger in allen Alterstufen vor.

Erkrankungen der männlichen Geschlechtsorgane

Zu den männlichen Geschlechtsorganen gehören die Prostata, die Hoden und der Penis. Die in den Hoden produzierten Spermien sind für eine funktionierende Zeugungsfähigkeit dabei genauso wichtig wie die Gesundheit der Prostata.

Prostataerkrankungen
Die Prostata umfasst im Bauchraum des Hundes den Blasenausgang und produziert wie beim Menschen den größten Teil der Ejakulationsflüssigkeit. Allein schon durch den vierbeinigen Gang und die dadurch andere Statik drückt die vergrößerte Prostata weniger auf die Blase als auf den anatomisch über der Prostata liegenden Darm. Jede sexuelle Stimulation führt beim Hund automatisch auch zu einer sich im Normalbereich befindenden Vergrößerung, die auf das Darmrohr einen gewissen Druck ausübt. Sie können bei Ihrem Hund dann meist eine im Durchmesser verkleinerte »Kotwurst« feststellen.

Bei einer krankhaften Vergrößerung der Prostata ist zwar auch diese Durchmesserverkleinerung ein Symptom, jedoch kommt es meist als Folge der häufig bakteriellen Veränderung der Prostata auch zum Abgang von blutigem Sekret, das mit dem Urin oder unabhängig davon durch den Penis nach außen gebracht wird. Eine Ultraschalluntersuchung der Prostata bringt Klarheit über den Grund der äußerlich sichtbaren Symptome. Bakterielle Zystenbildung, hochgradige Vergrößerung als Folge von lebenslänglich immer wieder stimuliertem Gewebe oder gar ein Tumor mit teilweise extrem hohen Volumenausmaßen können dabei entdeckt werden.

Ihr Tierarzt wird Ihnen in jedem Fall eine Kastration des Rüden empfehlen, da eine Be-

Auch eine Prostataerkrankung ist einem Hund äußerlich nicht anzusehen.

handlung mit Antibiotika und Entzüdungs-
hemmern zwar im Moment sehr schnelle Heilung herbeiführt, jedoch die Rezidivneigung,
also die Chance des Wiederauftretens, sehr
hoch ist. Heutzutage gibt es auch die Möglichkeit der Implantierung eines sich auflö-
senden Chips, der den Hund chemisch über
einen Zeitraum von ungefähr 6 Monaten kas-
triert. Nach Ablauf dieser Zeit kann der Chip
erneut gegeben werden, oder aber der Hund
ist wieder im Vollbesitz seiner Männlichkeit.
Somit ist man durch die Therapie in der Lage,
sowohl den noch zur Zucht einzusetzenden
Rüden zu therapieren oder dem bereits alten
Rüden eine Operation zu ersparen.

Vorhautkatarrh

Ständiges Träufeln aus dem Penis eines
Rüden mit schmierigem, teilweise eitrig aus-
sehendem Sekret ist ein häufiges Phänomen.
Was haben Sie nicht schon alles probiert:
Spüllösungen extra dafür aus den vielen
Hundeartikelgeschäften, Spüllösungen von
Tierärzten, Homöopathie – alles, was irgend-
wer irgendwann schon einmal probiert hat,
haben auch Sie versucht, doch leider ver-
gebens.
Dabei hätte die Homöopathie ja auch klappen
können, aber nur, wenn es das passende
Simile für Ihren Hund war. Leider werden gerade bei der Homöopathie von Laien häufig
nur Mittel genommen, die schon ein »Hunde-
bekannter« bei seinem Vierbeiner ausprobiert
hat. Die Homöopathie funktioniert aber nicht
wie ein Schmerzmittel, das bei jedem Indiv-
duum die Schmerzen hemmt. Homöopathie

muss zum Individuum passen und ist immer
nur für den jeweiligen Patienten sinnvoll. Wird
sie nicht vorab individuell bestimmt, ist das
meist der Grund, warum sie vielfach nicht
hilft.
Anders verhält es sich mit den Spüllösungen:
Kurzfristige Besserungen sind eigentlich
immer zu beobachten, weil durch die Lösungen eben eine Reinigung der bakteriell ver-
schmutzten Vorhaut durchgeführt wird. Aber
schon kurze Zeit später wird der hormon-
aktive Rüde wieder sein Glied belecken und
beim Urinabsetzen auch mit umliegendem
Gras in Kontakt kommen, was einen erneuten
bakteriellen Befall verursachen kann. Letztendlich werden alle Lösungen, die es gibt,
immer nur zeitlich begrenzt wirken. Die einzige wirklich erfolgversprechende Therapie
besteht bei einem Vorhautkatarrh in einer
Kastration. Ob aber ein Vorhautkatarrh unbedingt einer Kastration bedarf, nur um keine
Flecken mehr im Teppich zu haben, möge
bitte jeder Hundebesitzer selber entscheiden. Kaum ein Rüde wird im Laufe seines
Lebens durch einen Vorhautkatarrh, der landläufig übrigens als Hundetripper bezeichnet
wird, wirklich größere Probleme bekommen.
Die Probleme damit hat meist eher der Besitzer …

Befruchtungsunfähigkeit

Nun haben Sie einen Rüden, der zur Zucht
eingesetzt werden soll, und jeder Versuch
Vater zu werden schlägt fehl. Alles hat ge-
passt: Die läufige Hündin hat den Rüden auf-
steigen lassen, und bei der Belegung hat der

Rüde in der Hündin gehangen. Und dennoch – die Hündin ist leer geblieben. Woran kann das liegen?

Die Zeugungsfähigkeit des Rüden hängt von mehreren Faktoren ab. Zum einen ist es die Zeugungslust, die bei Ihrem Hund gestört sein kann. Dies kann zum einen an psychischen Faktoren liegen, aber auch an mangelnden Hormonkonzentrationen im Blut. Und nicht nur die Testosterone, sondern auch Schilddrüsenhormone und andere Blutparameter können dafür verantwortlich sein. Unterschwellige Minderproduktionen etwa lassen sich nur in einem Blutprofil feststellen. Ein weiterer Grund für Befruchtungsunfähigkeit liegt in einer chronisch veränderten Prostata. Des Weiteren müssen die Hoden funktionsfähig sein. Die korrekte Form und Lage der Hoden lässt sich zwar palpatorisch feststellen, deren Produktion an Spermien jedoch nicht. Selbst kaum äußerlich feststellbare Hodenentzündungen können die Spermienproduktion auf ein minimales Maß zurückgehen lassen und sogar zum Versiegen bringen. Dabei sind bakterielle Infekte oder Unfälle mit Hodenquetschungen sicher die häufigsten Gründe für eine nicht ausreichende Spermienproduktion. Beim älteren Hund muss jedoch auch an eine tumoröse Hodenerkrankung gedacht werden. Zwar sind die Hoden bei einer tumorösen Erkrankung meist fühlbar unterschiedlich groß, doch kann der gesunde Hoden normal groß und der erkrankte einmal kleiner sein. In jedem Fall bringt auch hier eine Laboruntersuchung und eine Ultraschalluntersuchung neben einem Spermiogramm die beweisende Diagnose.

Diese beiden Hunde fragen ihre Besitzer nicht nach dem Kinderwunsch.

Erkrankungen der weiblichen Geschlechtsorgane

Die meisten Hündinnen werden, abhängig von der Rasse, aber auch vom einzelnen Tier, im Alter zwischen 6 und 12 Monaten das erste Mal läufig. Dabei gehören die kleineren Rassen eher zu den »frühreifen« und die großen Rassen zu den Spätentwicklern.

Theoretisch wäre es möglich, dass eine Hündin bereits in der ersten Läufigkeit gedeckt wird und Welpen zur Welt bringt. Dagegen spricht jedoch die Tatsache, dass in den meisten Zuchtverbänden als Mindestalter für die Belegung die Vollendung der ersten 15 oder 18 Lebensmonate gefordert wird. Und dies aus gutem Grund! Zum einen sollte die körperliche Entwicklung des Hundes vollständig abgeschlossen und durch entsprechende

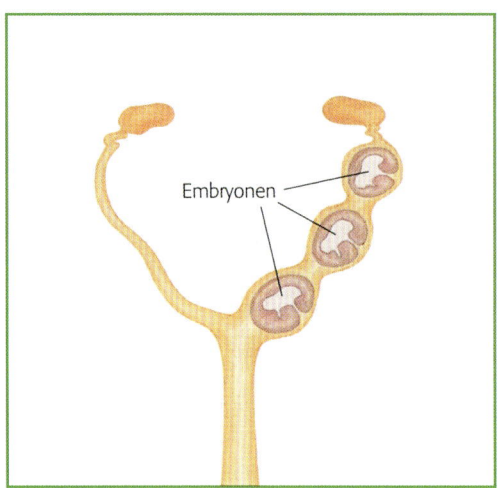

Embryonen

Bei der Hündin entwickeln sich die Welpen während der Trächtigkeit in beiden Gebärmutterhörnern.

Untersuchungen, die zumeist erst ab einem bestimmten Alter möglich sind, nachgewiesen sein, dass die Hündin von vererbbaren Krankheiten frei ist. Zum anderen gehört auch die charakterliche Festigung der Hündin dazu. Bevor eine Hündin belegt wird und Welpen zur Welt bringt, sollte sie selbst erst einmal ihre Hundejugend genießen dürfen und selbst erwachsen werden. Aus meiner Sicht sollten Sie daher in jedem Fall bis etwa zum 2. Lebensjahr der Hündin warten, bevor Sie an Nachwuchs denken.

Aber egal, ob Sie mit Ihrem Hund züchten wollen oder nicht: Schauen wir uns den Zyklus der Hündin einmal genauer an. Er gliedert sich insgesamt in 4 Phasen: Den Proöstrus oder auch Vorbereitungsphase genannt, den Östrus oder auch Eisprungphase, den Metöstrus oder auch die Nachphase ge-

nannt, sowie den Anöstrus, den man auch als die Ruhephase bezeichnet.

In der **Vorbereitungsphase**, die etwa 10 Tage (+/– 2 Tage) andauert, ist die Vulva (äußerlich sichtbare Anteile der Scheide) geschwollen und die Hündin hat blutigen Ausfluss. Sie setzt in kürzeren Abständen Urin ab, um ihren Geruch zu verteilen und die Rüden anzulocken. Die Menge des jeweiligen Blutaustritts ist dabei von Tier zu Tier unterschiedlich und hat keine Bedeutung für den Gesundheitszustand und den regulären Ablauf der Läufigkeit. Einige Hündinnen putzen sich selbst dabei so gut, dass es häufig für die Besitzer nur zufällig oder erst recht spät erkennbar wird, dass die Hündin läufig ist.

Der blutige Ausfluss wird zum Ende der Vorbereitungsphase immer klarer, zeigt jedoch in den meisten Fällen auch im **Östrus** noch eine leicht rötliche Färbung. Das Stadium des Eisprungs dauert in etwa 9 Tage, und die Hündin ist meist zwischen dem 1. und 4. Tag des Östrus (entsprechend also zwischen dem 10. und 14. Tag des Gesamtzyklus) deckbereit. Nur während dieser Phase ist eine erfolgreiche Belegung möglich, auch wenn manche Hündinnen den Rüden bereits vorher oder noch hinterher aufspringen lassen. In der auf den Östrus folgenden Phase, dem sogenannten **Metöstrus**, auch Nachphase genannt, bildet sich dann die angeschwollene Vulva zurück und der Ausfluss versiegt wieder. Diese Phase dauert bei der Hündin in etwa 60 Tage, also genau so lang wie im Falle einer erfolgreichen Belegung eine Trächtigkeit dauern würde.

Die letzte Phase des Zyklus schließlich wird

als Ruhephase oder **Anöstrus** bezeichnet und dauert ungefähr 4 Monate. In dieser Zeit ist die Hündin hormonell inaktiv. Sollten Sie sich entschieden haben, Ihre Hündin kastrieren zu lassen, so ist jetzt der richtige Zeitpunkt dazu.

Störungen der Läufigkeit

Bei manchen Hündinnen gerät der normale Zyklus durcheinander. Bei einigen verlängert sich die Läufigkeit über eine normale Dauer von ca. 3 Wochen hinaus deutlich, und die Hündin scheint gar nicht wieder zur Ruhe zu kommen.

Andere Hündinnen machen so gar keine Anstalten und werden selbst mit 1 Jahr noch nicht läufig. Dann wiederum gibt es Hündinnen, die zwar alle Zeichen einer Vorbereitungsphase aufweisen, bei denen sich jedoch selbst bei genauestem Hinsehen kein Blut findet. Auch riechen diese Hündinnen für Rüden kaum interessant, sodass auch hier eine Störung vorliegt. Hier handelt es sich vielfach um eine sogenannte weiße Läufigkeit, eine ohne Blutung nämlich.

Alle drei Varianten der Läufigkeitsstörungen gehören in tierärztliche Behandlung, egal ob Sie mit der Hündin züchten wollen oder nicht.

Schließlich handelt es sich hier um die Anzeichen einer hormonellen Störung. Gemeinsam mit dem Tierarzt wird anhand eines Blutbildes abgeklärt, worin die Ursache besteht. Ist es die Gebärmutterschleimhaut, deren Zellen möglicherweise verändert sind, oder liegt eine hormonelle Störung bei der Hündin vor? Beide Ursachen lassen sich medikamentös behandeln und sind auch auf dem Wege der Homöopathie vielfach gut in den Griff zu bekommen.

Gebärmuttervereiterung

Die sogenannte Pyometra oder Gebärmuttervereiterung ist sicher die schlimmste Form der Erkrankung an diesem Organ. Meist sind zwar ältere Hündinnen ab etwa 6 Jahren betroffen, doch auch jüngere sind davor nicht gefeit.

Wie kommt es nun zu dieser Erkrankung, die sehr schnell zu einem echten Notfall werden kann, sofern sie nicht rechtzeitig erkannt wird?

Wenn das Immunsystem einer Hündin geschwächt ist, können sich ganz gewöhnliche Bakterien der Vagina, die normalerweise den körpereigenen Abwehrkräften keine Schwierigkeiten machen, plötzlich vermehren und in

Verlauf der Läufigkeit bei der Hündin

Die Gesamtdauer der Läufigkeit beträgt ca. 3 Wochen. Folgende Phasen werden unterschieden:

Tag 1 – ca. Tag 10:	Proöstrus = Vorbereitungsphase: blutiger Ausfluss
Tag 11 – ca. Tag 20:	Östrus = Eisprungphase: Deckbereitschaft
ca. ab Tag 21:	Metöstrus = Nachphase: Rückbildung
Danach:	Anöstrus = Ruhephase: hormontote Phase, Dauer ca. 4 Monate

die Gebärmutter der Hündin wandern. Die Gründe für eine solche verminderte Abwehrkraft können vielfältig sein. Ein höheres Alter oder eine andere aktuelle Erkrankung kann ebenso dazu führen wie etwa Stress oder auch hormonelle Veränderungen. Hierzu zählen sowohl die natürlichen Veränderungen durch die Läufigkeit als auch künstlich herbeigeführte wie etwa durch die Gabe von Hormonpräparaten. Daher ist es naheliegend, dass die Gebärmuttervereiterung sehr häufig ca. 4 bis 10 Wochen nach der Läufigkeit auftritt.

Die ersten Symptome sind noch eher unauffällig und diffus – die Hündin trinkt sehr viel, ist dabei eher schlapp, träge und mag häufig nichts fressen. Vielfach kommt ein übelriechender Vaginalausfluss hinzu – dann ist die Diagnose relativ schnell gestellt. Fehlt dieser, ist es im nächsten Schritt meist das Fieber, das den Besitzer zum Tierarzt treibt. Vielfach ist die Hündin dann bereits sehr schwach und mag nicht laufen. Kein Wunder, wenn man bedenkt, dass sich in dieser Phase meist bereits eine massive Eiteransammlung in der Gebärmutter befindet. Dieser Eiter vergiftet die Hündin nach und nach von innen, belastet vornehmlich die Nieren, und das Tier schwebt in Lebensgefahr, denn entweder das Versagen der Nieren oder der Schock der Vergiftung können zum Tod führen. In diesem schweren Fall wird der Tierarzt sofort die Gebärmutter entfernen, um die Hündin zu retten.

Vorbeugend lässt sich leider nichts gegen eine Gebärmuttervereiterung tun, außer man lässt die Hündin kastrieren.

Kastration der Hündin

Die Kastration der Hündin ist unter Hundehaltern nicht unumstritten, insbesondere unter ethischen Gesichtspunkten. Aus medizinischer Sicht hingegen spricht nichts gegen die Kastration – im Gegenteil: Sie ist die einzige Vorbeugung gegen die oben beschriebene Gebärmuttervereiterung sowie gegen Gesäugetumoren, die dadurch zu einem hohen Prozentsatz verhindert werden können.

Der Eingriff selbst gehört heute in jeder Tierarztpraxis zur Routine und verläuft meist absolut komplikationslos. Der mittlerweile nur noch sehr kleine Schnitt verheilt bei entsprechender Nachsorge innerhalb relativ kurzer Zeit, und die Hündin ist sehr schnell wieder die Alte. Einzig die Fütterung sollten Sie nach der Kastration umstellen – kastrierte Hündinnen stellen meist relativ rasch ihren Stoffwechsel um und verwerten daher ihr Futter anders. Aus diesem Grunde neigen viele kastrierte Hündinnen dazu, dick zu werden. Dagegen hilft eine ganz einfache Maßnahme: das Kürzen der Futtermenge.

Gesäugetumoren

Ein positiver Nebeneffekt der Kastration ist die Tatsache, dass die Gefahr der Bildung von Gesäugetumoren hierdurch reduziert wird. Ähnlich wie beim Menschen ist auch beim Hund die Frage, wie der Gesäugekrebs entsteht, noch immer nicht geklärt. Ganz offensichtlich kommen hier zahlreiche ver-

Eine zufriedene Hündin beim Säugen ihrer drei Welpen.

schiedene Faktoren zusammen, die dann gemeinsam dazu führen, dass ein Hund an Krebs erkrankt. Erwiesenermaßen ist bei manchen Rassen eine genetische Disposition gegeben – dazu gehören beispielsweise Schäferhunde und Boxer bei den großen Rassen sowie Pudel und Dackel bei den kleinen. Aber auch bei anderen Rassen tritt diese Krebsart auf.

Meist zeigen sich zu Beginn ein oder mehrere kleine Knoten in der Milchleiste der Hündin, die im weiteren Verlauf wachsen und sich dann auch entzünden oder aufbrechen können. Lassen Sie daher Ihre Hündin routinemäßig beim jährlichen Tierarztbesuch untersuchen und fühlen Sie auch selbst die

Milchleiste Ihrer Hündin auf Knötchen hin ab. Die Knoten selbst machen der Hündin keine Probleme, solange sie klein sind. Trotzdem sollten sie bereits so früh wie möglich entfernt werden, denn dann besteht eine sehr große Chance auf vollständige Heilung. Warten Sie zu lange, können die Tumore ähnlich wie beim Menschen streuen und auch auf andere Organe, etwa auf die Lunge, übergreifen. Ist es erst einmal so weit, ist zumeist keine Hilfe mehr möglich. Solange jedoch noch keine Lungentumore vorliegen, kann der Hündin auch mit größeren Tumoren noch durch Entfernung und möglichst gleichzeitige Kastration geholfen werden. Die Chancen auf Heilung sind dann sehr gut.

Störungen der physiologischen Trächtigkeit

Wenn Ihre Hündin in der Läufigkeit gedeckt oder, wie man oft sagt, »belegt« wurde, dann bringt sie nach +/– 63 Tagen ihre Welpen zur Welt. Sicherlich haben Sie während dieser Zeit bereits mit der werdenden Mutter Ihren Tierarzt aufgesucht und die Hündin auf ihren Gesundheitszustand hin kontrollieren lassen, um sicherzugehen, dass sie körperlich topfit ist. Vermutlich haben Sie auch nach dem 21. Tag ein Ultraschallbild machen lassen, um zu sehen, ob die Hündin wirklich aufgenommen hat und mit wie vielen Welpen zu rechnen ist, und bestimmt haben Sie auch mit ihm besprochen, dass er sich zum berechneten Zeitpunkt der Geburt im Notfall für Sie bereit hält. Gewiss haben Sie sich auch bereits einschlägige Literatur bereitgelegt, um sich auf die Geburt vorzubereiten. Daher hier nur in aller Kürze die wichtigsten Informationen rund um das Thema Geburt.

Während der Geburt der Welpen beißt die Hündin die Nabelschnur durch.

Wenn sich die Trächtigkeit dem Ende zuneigt, die werdende Mama ruhiger und gleichzeitig deutlich runder wird, dann wird es langsam spannend. In der letzten Woche der Trächtigkeit sollten Sie der Hündin bereits den Ort gezeigt haben, an dem sie ihre Welpen bekommen soll – idealerweise ist dies eine passende Wurfbox oder ein entsprechendes Körbchen. Gleichzeitig sollten Sie damit beginnen, bei der Hündin Fieber zu messen – sinkt die Temperatur auf unter 37,5°, dann ist damit zu rechnen, dass innerhalb der nächsten 24 Stunden die Geburt beginnen wird. Achten Sie darauf, dass Sie jeglichen Stress zur Geburt vermeiden – weder sollte die Hündin durch Besuch gestört werden, noch sollten übermäßig laute Geräusche oder andere Dinge den Geburtsablauf durcheinanderbringen.

Wenn dann alles planmäßig verläuft, wird sich die Hündin in ihre Wurfkiste zurückziehen und dort die erste, die sogenannte Eröffnungsphase abwarten. Während dieser Phase, die unterschiedlich lang dauern kann – manchmal nur 1 Stunde, manchmal aber auch bis zu 12 Stunden – bekommt die Hündin immer wieder Wehen, die langsam stärker werden und in kürzeren Abständen auftreten. Erkennbar sind diese Wehen für uns am typischen Hecheln und Zittern der Hündin.

Diese erste Phase geht dann direkt über in die Austreibungsphase, also die eigentliche Geburt. Die Wehen, die anfangs wellenförmig durch den Körper gingen, sind jetzt deutlich heftiger – es sind die sogenannten Presswehen, die dazu dienen, den Welpen, der jetzt unmittelbar im Geburtskanal liegt, auf die

In den ersten 14 Tagen des Lebens sind die Augen und Ohren der Welpen noch geschlossen.

Welt zu bringen. Kurz darauf ist in der Regel dann auch schon der erste Welpe da – eingepackt in die Ei- oder Fruchthülle, die die Hündin unmittelbar nach der Geburt aufreißt. Tut sie dies nicht, so sind Sie als Helfer am Zug: Reißen Sie so rasch wie möglich die Eihülle auf und halten Sie dann den Welpen der Hündin hin, damit sie ihn abnabeln kann. Erstgebärende Hündinnen sind hier manchmal noch etwas unsicher, aber meist kommen mit etwas Nachhilfe ihre natürlichen Instinkte ganz schnell in Gang, und die junge Mutter wird dann die Nabelschnur durchbeißen und den Welpen trockenlecken.

Geburtsstörungen

Nicht immer geht die Geburt problemlos vonstatten, und ab und an ist Hilfe durch den Tierarzt gefragt. Oft scheint die Geburt nicht so recht voranzugehen – die Hündin hat zwar Wehen, aber kommt nicht in die Phase der Presswehen. In diesem Fall kann eine **Primäre Wehenschwäche** vorliegen. Die Gründe dafür können vielfältig sein – in manchen Fällen liegt es daran, dass der Wurf recht klein ist und daher die notwendige Stimulation der Gebärmutter ausbleibt. Umgekehrt kann aber auch ein zu großer Wurf dafür sorgen, dass der Uterus überdehnt wird und die notwendigen Kontraktionen verhindert werden.

Auch eine Kalziumunterversorgung der Hündin – die sogenannte Geburtseklampsie – kann daran schuld sein, wenn die Geburt nicht vorangeht. Prüfen Sie dann zunächst, ob alle äußeren Faktoren gegeben sind bzw. nichts die Hündin veranlasst, die Geburt zu verzögern – alle Bezugspersonen der Hündin sind anwesend, die Hündin hat die notwendige Ruhe und nimmt ihre Wurfkiste an usw.

Falls die Hündin beschließt, die Welpen woanders bekommen zu wollen – lassen Sie sie gewähren und bleiben Sie in jedem Fall bei ihr. Eventuell kommt bereits so die Geburt wieder in Gang. Wenn nicht, ziehen Sie den Tierarzt zu Rate, sofern die Hündin bereits länger als 12 Stunden die ersten Wehen zeigt, ohne dass die Geburt vorangeht, denn im schlimmsten Fall könnten sonst die Welpen absterben. Presst die Hündin bereits seit mehr als 1 Stunde, ohne dass die Geburt vorangeht, dann liegt eine **Sekundäre Wehenschwäche** vor. Die Hündin versucht zwar, den Welpen auszutreiben, schafft es aber nicht und verliert dabei immer mehr Kraft. Auch dies kann unterschiedliche Gründe haben. Häufig blockiert ein Welpe die Geburt, weil er falsch liegt, es kann aber auch sein, dass ein toter Welpe das Fortgehen blockiert, oder aber der Welpe ist einfach zu groß, um durch den Geburtskanal zu passen. Auch hier ist im Zweifel der Tierarzt gefragt, um die Geburt voranzutreiben und notfalls die Welpen per Kaiserschnitt zur Welt zu bringen.

Fruchtbarkeitsstörungen

»Meine Hündin hat nicht aufgenommen«, so höre ich es von traurigen Züchtern oder solchen, die es gern werden möchten. Woran aber hat es gelegen? Die Ursachen von Fruchtbarkeitsstörungen bei Hündinnen können sehr vielfältig sein. Sie reichen vom falschen Deckzeitpunkt über angeborene Störungen über erworbene hormonelle Ungleichgewichte und falsche Ernährung bis zu hin Infektionserkrankungen.

Im Gespräch mit dem Besitzer werden meist folgende Probleme geschildert:
- die Hündin lässt sich decken, wird aber nicht tragend;
- die Hündin zeigt während der Läufigkeit nur eine geringe Blutung, sodass es schwer ist, den geeigneten Decktermin herauszufinden;
- die Hündin »duldet« den Rüden vom ersten bis zum letzten Tag der Läufigkeit, lässt sich also die gesamte Läufigkeit hindurch decken;
- die Hündin lässt sich trotz regelmäßiger Läufigkeiten nicht decken;
- ein Rüde deckt andere Hündinnen erfolgreich, hat jedoch kein Interesse an meiner Hündin;
- die Hündin ist unregelmäßig läufig – die Abstände zwischen zwei Läufigkeiten sind entweder sehr kurz oder sehr lang, sie wird vielleicht seit langer Zeit gar nicht mehr läufig.

Wird Ihre Hündin nicht tragend, so empfiehlt sich unbedingt der Besuch Ihres Tierarztes, der unterschiedliche Möglichkeiten zur Klärung des Problems zur Verfügung hat. Er wird in aller Regel zunächst eine gynäkologische Untersuchung der Hündin sowie eine Zelluntersuchung (Vaginalzytologie) und eine Hormonanalyse (Progesterontest) vornehmen. Zudem kann er gegebenenfalls noch eine Bestimmung von Antikörpern von mit Sterilität einhergehenden Erregern im Blut sowie diverse bakteriologische Untersuchungen durchführen, um dem Problem auf die Spur zu kommen.

Denkbar wären körperliche Probleme wie etwa ein Scheidenvorfall in der Läufigkeit, aber auch Scheidentumoren oder die abnorme Ausprägung der Scham (Vulvadeckelung). Möglich sind aber auch psychische Probleme, wie sie bei manchen isoliert gehaltenen Hündinnen vorkommen, die sich dann entweder gar nicht oder nur von bestimmten Rüden decken lassen.

Die Läufigkeitssymptome einer solchen Hündin sind oft nur gering ausgeprägt. Ähnlich verhält es sich bei dominanten Hündinnen, die einen weniger dominanten Rüden nicht akzeptieren, besonders, wenn beide Tiere im gleichen Haushalt wohnen. Auch Hündinnen im fortgeschrittenen Alter haben nicht selten Akzeptanzprobleme beim Deckakt.

Möglich sind zudem Erkrankungen der Gebärmutter und der Eierstöcke, etwa eine Entzündung oder Vereiterung der Gebärmutter oder auch Tumoren in den Eierstöcken, die stark hormonaktiv sind und häufig läufigkeitsähnliche Symptome auslösen.

All dies sollten Sie mit Ihrem Tierarzt abklären, der dann gemeinsam mit Ihnen festlegen wird, ob und wie Ihrer Hündin zu Nachwuchs verholfen werden kann.

Der kecke Blick des Welpen lässt auf viel Spielfreude schließen.

Scheinschwangerschaft

Bei einer nicht befruchteten Hündin tritt in den letzten Tagen des Metöstrus, also der Nachphase, eine so genannte Scheinschwangerschaft auf. Dies ist ein Erbe, das die Hunde noch von ihren wölfischen Vorfahren her mit sich tragen, denn die simulierte Trächtigkeit stellte im Wolfsrudel sicher, dass für den Fall, dass die Mutterwölfin starb oder keine Milch hatte, die anderen weiblichen Tiere als Ammen zur Verfügung standen. Die Scheinträchtigkeit an sich ist also vollkommen normal. Die Ausprägung jedoch kann sehr unterschiedlich sein.

Die Hündin durchläuft während dieser Zeit in mehr oder weniger ausgeprägter Form eine Trächtigkeit, teilweise bis hin zum Milcheinschuss und zum Nestbau. Während bei den meisten Hündinnen lediglich ein leicht geschwollenes Gesäuge und ein etwas sensibles und zurückgezogenes Verhalten auf die Scheinträchtigkeit hinweisen, leiden manche Tiere körperlich und vor allem seelisch sehr unter diesen hormonellen Schwankungen. Sprechen Sie in diesem Fall Ihren Tierarzt an, um gemeinsam zu beraten, wie der Hündin geholfen werden kann.

Hauterkrankungen

Hauterkrankungen gehören seit vielen Jahren zu den häufigsten

Beschwerden in der Kleintiermedizin. So vielfältig die Ursachen der

verschiedenen Hauterkrankungen sind, so sehr ähneln sie sich doch

häufig in ihren Symptomen.

Infektiöse und parasitäre Erkrankungen der Haut

Hauptursache der häufigsten Beschwerden sind infektiöse Erkrankungen der Haut und parasitäre Hauterkrankungen.

Infektionserkrankungen der Haut

Plötzlich auftretende, teilweise kreisrunde und hochgradig entzündete nässende Areale der Haut können innerhalb weniger Stunden bei Ihrem Hund auftreten. Auch wenn bei diesen sogenannten **Hot-spots** meist ein allergischer Grund besteht, zeigt die Veränderung selbst häufig eine bakterielle Besiedelung. Die betroffenen Hunde haben an diesen Stellen einen sehr hohen Juckreiz und belecken diese Areale so ausgiebig, dass eine Ausbreitung der vielleicht zu Beginn nur kleinen Hautstelle innerhalb kürzester Zeit fortschreitet.

Im Gegensatz zu solchen sekundär bakteriell infizierten Hot-spots zeigt der erkrankte Hund bei einer **Pilzerkrankung** eher ein langsames Fortschreiten von meist ebenfalls kreisrunden, stark juckenden, haarlosen und am Rand entzündlich veränderten Arealen. Aber es gibt noch weitere Unterschiede zwischen bakteriellen Entzündungen und Pilzerkrankungen der Haut: So treten Pilzerkrankungen nur bei einem nicht ganz gesunden Organismus auf und sind insofern eher die Folge eines gestörten Immunsystems. Man bezeichnet Pilzerkrankungen auch als Faktorenerkrankungen, weil einige Probleme zusammenkommen

müssen, bevor sich eine Pilzerkrankung manifestieren kann.

Generell gibt es auf der Haut ständig einen Kampf zwischen den dort vorhandenen Bakterien und Pilzen, die auch auf der gesunden Haut zu finden sind, doch besteht im Normalfall ein Gleichgewicht. Erst wenn zum Beispiel die Bakterienfraktion durch eine Antibiotikagabe gestört ist, wird eine Zunahme der Hautpilze möglich sein und so eine Pilzinfektion zustandekommen. Aber auch ein durch Stress-

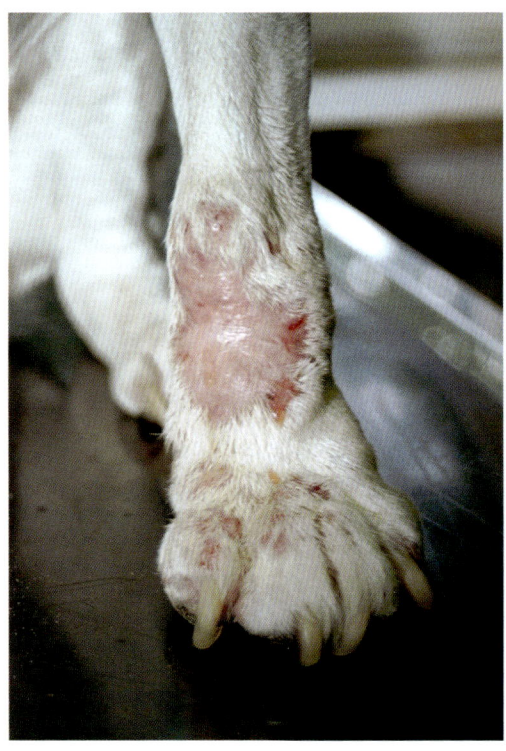

Hochgradig eitrige Hautinfektion bei einem Bullterrier.

belastung gestörtes Immunsystem kann eine Pilzerkrankung der Haut begünstigen.

Als typische Mischinfektion findet man bei einigen Hunderassen gehäuft eine sogenannte **Malasseziendermatitis**, verursacht durch den Keim *Malassezia pachydermatis*. Auch diese mit schmierigen dunkelgrauen, sehr übelriechenden Hautausscheidungen einhergehende Hauterkrankung tritt nicht »einfach nur so« auf, sondern ist immer Folge einer meist allergischen Grunderkrankung. Eine erfolgreiche Therapie dieser doch recht hartnäckigen Hauterkrankung ist insofern auch erst dann möglich, wenn die eigentliche Grunderkrankung erkannt ist und behandelt wurde.

Parasitäre Hauterkrankungen

Neben den allergischen, den bakteriellen und den Pilzerkrankungen der Haut spielen in der Tiermedizin parasitär bedingte Hauterkrankungen die größte Rolle.

Flöhe

Jeder, der einen Hund hat, wird es schon einmal mitgemacht haben: Der Hund leidet plötzlich unter unaufhörlichem Juckreiz bis hin zu extremen Beiß- und Juckattacken am gesamten Körper, beginnend im Bereich der Kniefalte, am Unterbauch und im Brustbereich. Bei genauerem Hinsehen finden Sie vor allem im meist eher dünn behaarten Gebiet des Unterbauchs schwarze punktförmige Ablagerungen – Flohkot.

Wenn Sie nun die Haare des Hundes sorgfäl-

Auf 1 sichtbaren Floh kommen 100 unsichtbare

Wichtig ist es zu wissen, dass 1 Floh auf dem Hund immer von weiteren ca. 100 Flöhen in der Umgebung des Hundes begleitet wird. Widmen Sie daher der Umgebungsbehandlung durch gründliches Reinigen der Schlaf- und Liegeplätze des Hundes höchste Aufmerksamkeit. Dazu gehört natürlich auch Ihr eigenes Bett, wenn sich Bello darin aufhält. Viele dramatisch aussehende Hauterkrankungen – und manchmal auch solche des Menschen –, denen teilweise eine bakterielle Infektion der Haut folgt, sind nur die Folge einer Flohinvasion auf dem Hund.

tig scheiteln und die dabei frei gelegte Haut beobachten, wird es nicht selten vorkommen, dass Sie etwas weghüpfen sehen – einen Floh! Für den Fall, dass Sie einen besonders dicht behaarten und vielleicht auch noch sehr

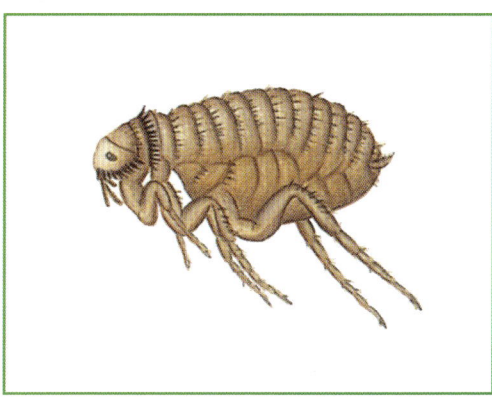

Mikroskopisches Bild eines Hundeflohs.

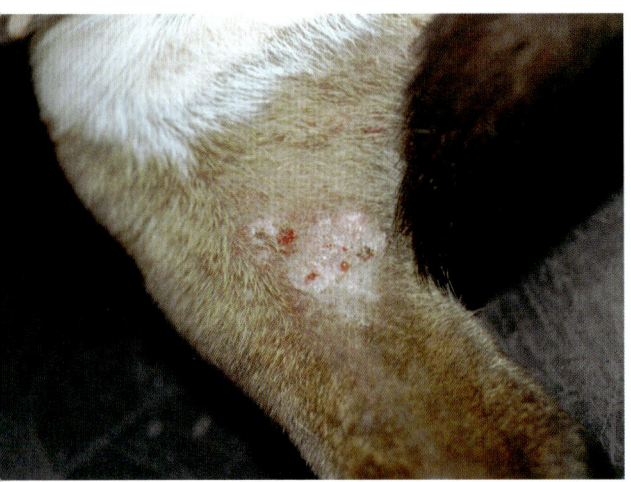

Auch eine Flohspeichelallergie kann unter Umständen zu starken Hautentzündungen führen.

dunkel pigmentierten Hund haben, können Sie zur Feststellung eines Flohbefalls natürlich auch Ihren Hund mit einem Flohkamm aus dem Tierbedarf gründlich durchbürsten und ihn dabei auf ein weißes Bettlaken oder in die Badewanne stellen. Sie werden am Ende des Bürstvorgangs auf dem weißen Untergrund bei Flohbefall sowohl die schwarzen punktförmigen Ablagerungen (Flohkot) sowie häufig die Flöhe selbst finden.

Spätestens jetzt wird es Zeit, dass Sie Ihren Hund mit einem Antiflohmittel behandeln. Welches Sie verwenden ist letztendlich eine Frage der persönlichen Vorlieben. Als mögliche Präparate sind sowohl Repellentien, also Präparate, die die Flöhe wenn irgend möglich erst gar nicht auf den Hund kommen lassen, als auch Kontaktinsektizide auf dem Markt, die den Floh bei Auftreten auf dem Hund abtöten. Zudem gibt es Präparate, die die weitere Entwicklung eines Flohs und somit die Eiablage der erwachsenen Flöhe vermeiden sollen.

Wie häufig sehen wir in der Praxis Hunde, die auf Flohspeichel allergisch reagieren und die sich bereits bei einem Floh, der vielleicht unbemerkt auf dem Hund sitzt, massiv kratzen und so zu immensen Hauterkrankungen kommen. Egal wie sich eine Hauterkrankung darstellt – an einen Flohbefall muss bei nicht regelmäßiger Prophylaxe immer gedacht werden.

Wichtig ist bei Flohbefall auch eine nachfolgende Entwurmung. Flöhe übertragen Bandwurmeier, und so ist einer Wurminfektion des Hundes nach einem Flohbefall automatisch Tür und Tor geöffnet.

Zecken

Zu den Insekten, die in den letzten Jahren stark zugenommen haben, gehören nach einem ausgiebigen Wald- und Buschwerksspaziergang sicher die Zecken. Auch deren Spektrum an möglichen übertragbaren Krankheiten breitet sich über Deutschland deutlich aus. War bis vor wenigen Jahren nur die Borreliose (siehe S. 35), meist als Erkrankung der Gelenke auftauchend, als für den Hund gefährlich bekannt, tauchen heute immer mehr Berichte über die Babesiose auf (siehe S. 39), eine teilweise tödlich verlaufende Blutarmut. Auch die FSME, eine hochgefährliche Infektionskrankheit des Gehirns für den Menschen, wurde bereits bei einigen wenigen Hunden festgestellt.

Bei Temperaturen über 8 °C – vielfach aber

auch darunter – ist nach jedem Spaziergang im Wald oder über dicht bewachsene Flächen mit dem Auftreten von Zecken zu rechnen. Nach jedem Spaziergang sollten Sie Ihren Hund deshalb gründlich auf das Vorhandensein von Zecken untersuchen, um die Übeltäter, die zu dieser Zeit meist noch auf dem Hund umherlaufen, gleich zu entfernen, bevor sie sich in der Haut verankert haben.

Bevor eine Zecke mit der Übertragung Ihrer Krankheiterreger beginnen kann, muss sie in etwa 3 bis 4 Stunden aktiv Blut des Wirtstieres zu sich genommen haben. Insofern schützt eine rechtzeitige Entfernung der Zecken recht zuverlässig auch vor einer Erkrankung. Genau wie bei Flöhen ist eine Zeckenprophylaxe mit dazu geeigneten Mitteln die Methode der Wahl, um sich vor den möglichen Erkrankungen zu schützen. Es besteht zwar eine Impfung gegen die Borreliose, doch ist es ein Trugschluss zu glauben, dass damit eine Infektion mit den Borrelien ausgeschlossen ist. Die Wahrscheinlichkeit der Erkrankung sinkt zwar deutlich, jedoch ist auch bei solchen Hunden Vorbeugung bzw. Absuchen auf die lästigen Insekten nach jedem Feld-, Wald- und Wiesenspaziergang dringend angeraten.

Milben

Hauterkrankungen durch Milben sind gekennzeichnet durch massiven Juckreiz und Beknabbern der betroffenen Stellen. Wir unterscheiden bei Hunden vor allem Demodex-, Sarkoptes- und Herbstgrasmilben. Während die Demodexmilben meist bereits während der Saugphase über die Muttermilch übertragen werden, sind die beiden anderen Milbenformen erst im späteren Leben übertragene Erkrankungen.

Bei einer vollgesogenen Zecke schwillt der Hinterleib ganz gewaltig an.

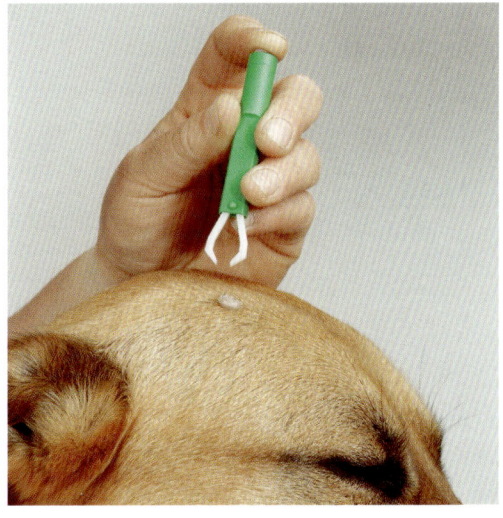

Zecken sollten nur mit einer geeigneten Zange entfernt werden.

Bei den Demodexmilben geht man davon aus, dass einige wohl bei fast allen Hunden vorkommen, sich jedoch erst bei gestörtem Immunsystem eine Hauterkrankung entwickelt. Für den Fall einer lokal begrenzten **Demodikose** können Sie bei Ihrem Hund häufig haarlose Stellen rund um die Augen beobachten, weshalb in diesem Fall auch von Brillenbildung gesprochen wird.

Doch auch an allen anderen Stellen des Körpers kann es bei allen Milbenarten zum Auftreten von stark juckenden Hautstellen kommen, und nur eine mikroskopische Untersuchung zum Milbennachweis kann Klarheit über die Milbenart bringen und eine wirksame Therapie möglich machen. Durch die recht hartnäckige Lebensweise der Milben auf und unter der Haut sowie ihrer Eigenschaft, sich dort verstecken zu können, ist eine Therapie von mindestens 4 Wochen notwendig, um der Erkrankung Herr werden zu können. Geeignete Präparate dafür erhalten Sie bei Ihrem Tierarzt nach ausführlicher Information.

In einigen Gegenden Deutschlands befinden sich vor allem im Herbst sogenannte Herbstgrasmilben in den Wiesen. Auch hieran sollte bei einer Milbenprophylaxe gedacht werden.

Allergische und autoimmune Hauterkrankungen, Hauttumoren

Allergische Hauterkrankungen sind mittlerweile die am häufigsten vorkommenden Hauterkrankungen unserer Hunde. Diagnostisch sind sie nicht immer leicht von den Autoimmunerkrankungen zu unterscheiden.

Allergisch bedingte Hauterkrankungen

Zu den mittlerweile häufigsten Ursachen von Hauterkrankungen bei unseren Hunden gehören die verschiedenen Allergien. Während die für den Besitzer erkennbaren Symptome dabei kaum zu unterscheiden und auch eher unspezifisch sind, d. h. sich durch massiven Juckreiz an unterschiedlichen Stellen des Körpers mit in der Folge stark geröteten und entzündeten Hautstellen zeigen, sind die möglichen Allergieauslöser sehr mannigfaltig. Zudem können auch andere Symptome den Allergiekomplexen zugeordnet werden: Bindehautentzündungen, laufende Nase, immer wieder breiiger Kot, Analdrüsenentzündungen und offene Pfotenballen sind nur einige der möglicherweise zu beobachtenden Anzeichen.

Eine Allergiediagnostik ist für den Tierarzt und den Besitzer meist eine sehr aufwendige und teilweise frustrierende Angelegenheit. Futtermittel und deren Einzelbestandteile als Allergieauslöser zu differenzieren, Hausstaubmilben, Waschmittel, Gräser, Pollen, Tierhaare,

Medikamente oder egal welcher Stoff den Hund belastet – sie alle müssen gegeneinander geprüft werden, um den Auslöser zu kennen.

Für den Fall einer vermuteten **Futtermittelallergie** kann in vielen Fällen eine Ausschlussdiät mit Pferdefleisch als einziger Eiweißquelle und Kartoffeln als einziger Kohlenhydratquelle – über mindestens 6 Wochen verabreicht – eine Klarheit über die Allergieursache geben. Für den Fall, dass der betroffene Allergiker eine Allergie gegen Pferdefleisch und/oder Kartoffeln hat und somit nach Ablauf der 6 Wochen die Hautentzündung vollständig durch die Ausschlussdiät

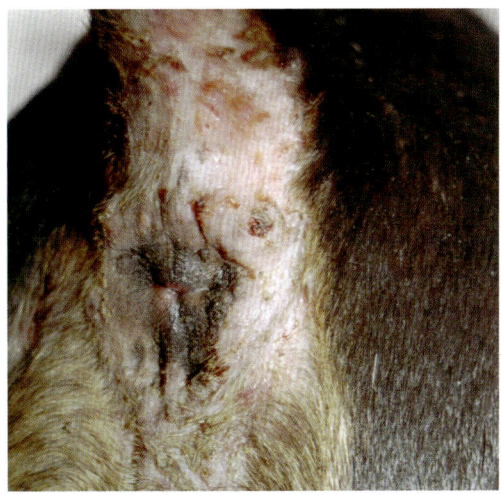

Stark entzündete Analdrüsen können, durch den dadurch entstehenden heftigen Juck- und Leckreiz, extreme Entzündungen um den After herum verursachen.

Obgleich Blütenpollen zu den weniger häufigen Allergien des Hundes gehören, muss bei einer allergischen Hauterkrankung auch daran gedacht werden.

Da bei Umweltallergien, also **Allergien gegen Pollen oder Hausstaubmilben**, eine solche Karenz nicht möglich ist (da die Auslöser überall sind), steht betroffenen Hunden die gleiche therapeutische Odyssee bevor wie betroffenen Menschen.

Während in der Schulmedizin die therapeutischen Bemühungen sich eher auf die Behandlung der Allergiesymptome beschränken, sind in der ganzheitlichen Medizin häufig Heilungserfolge durch Behandlung der Grunderkrankung zu beobachten. Ob und in welchen Zeiträumen hierbei auf die Akupunktur, die Bioresonanz oder die Homöopathie zurückgegriffen werden kann, sollte in jedem Fall von einem ganzheitlichen Tierarzt betrachtet werden, weil nur dieser in der Lage ist, den Patienten sowohl von der schulmedizinischen als auch von der Komplementärmedizin her zu untersuchen und zu therapieren.

beseitigt wurde, ist es dann möglich, durch Zugabe von genau definierten weiteren Futtermitteln herauszufinden, was der Hund verträgt und was nicht.

Wichtig dabei ist immer, zu bedenken, dass im Fall einer Allergie gegen etwas nicht die Menge, sondern allein die Tatsache ausreicht, dass etwas den Hund belastet, um die Allergie aufrechtzuerhalten. Ein Mensch, der gegen Erdbeeren allergisch ist, kann schließlich auch nicht »nur mal eine« Erdbeere essen, weil sie doch so gut schmeckt. Therapeutisch ist vor allem eine mögliche Karenz dieser den Hund belastenden Stoffe die Methode der Wahl, also die Vermeidung des Kontakts mit dem Allergen.

Autoimmunerkrankungen

Zusätzlich zu den Allergien, die auf eine Fehlsteuerung des Immunsystems zurückzuführen sind, kennen wir in der Tiermedizin die Autoimmunerkrankungen. Hier sind es keine Auslöser von außen, die zu Juckreiz und teilweise extrem entzündeten Hautstellen beim Hund führen, sondern es handelt sich um die Reaktion des Immunsystems auf den eigenen Körper. Auch hierbei gelingt die Unterscheidung nur durch eine umfangreiche Laboruntersuchung, und nur im Anschluss daran ist eine Therapie mit dafür geeigneten Medikamenten möglich.

Hauttumoren

Wie in der Humanmedizin werden auch bei Tieren jegliche Zubildungen erst einmal als Tumor bezeichnet. Entgegen der häufigen Meinung, es würde sich immer um eine krebsartige Erkrankung handeln, finden wir bei unseren Hunden oft **Warzen**, die besonders häufig bei Jungtieren und Senioren auftreten. Während bei Jungtieren diese Warzen oft im und um das Maul herum auftauchen, sind Warzen bei Senioren meist am ganzen Körper verteilt.

Bösartige Hauttumore können an allen Stellen des Körpers auftauchen und sollten zur genauen Abklärung immer entfernt werden. Ob es sich nur um eine harmlose Warze handelt oder um einen beim Hund eher selten auftretenden bösartigen Tumor, kann nur durch eine mikroskopische Untersuchung der im Tumorgewebe befindlichen Zellen beurteilt werden. Da bösartige Tumoren in ihrem Verlauf in der Lage sind zu streuen, ist die sofortige Entfernung und histologische Untersuchung der Zubildung in jedem Fall dringend zu empfehlen.

So schön kann das Leben mit einem gesunden Hund sein.

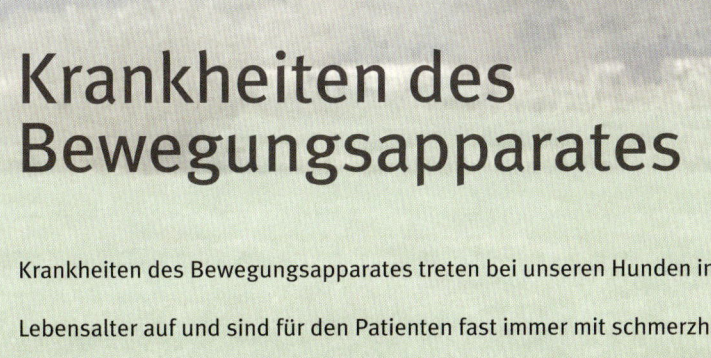

Krankheiten des Bewegungsapparates

Krankheiten des Bewegungsapparates treten bei unseren Hunden in jedem
Lebensalter auf und sind für den Patienten fast immer mit schmerzhaften
Veränderungen verbunden. Der Irrglaube, ein Hund würde bei Schmerzen
jaulen, ist hierbei sicher ein Trugschluss. Beinahe jede Form von Lahmheit
ist ein Indiz für einen schmerzhaften Prozess, den der Hund eben durch die
Bewegungsveränderung aufzeigt.

Wachstumsstörungen des Junghundes

In den ersten Lebensmonaten unserer Hunde muss besonderes Augenmerk auf eventuell auftretende Lahmheiten gelegt werden. Das typische Alter der Wachstumsstörungen liegt zwischen dem 5. und 8. Lebensmonat.

Ellenbogengelenkdysplasie

Plötzliche Lahmheiten der Vordergliedmaßen, ob rechts oder links, im Alter von ungefähr 6 Monaten sind immer ein Alarmsignal und Symptom für eine eventuelle Ellenbogengelenkdysplasie. Vor allem dann, wenn Sie zusätzlich beobachten können, dass der Hund die betroffene Pfote nach außen dreht, sollten Sie nicht zögern, einen Tierarzt aufzusuchen, der anhand einer Röntgenaufnahme zumin-

Gut zu wissen

Zusätzlich zu den Fütterungsempfehlungen werden bei einigen Rassen mittlerweile die Ellenbogen bei den zur Zucht vorgesehenen Hunden nach dem 12. Monat geröntgt, um die Freiheit von einer ED zu bestätigen. Dennoch reicht eine ED-Freiheit bei Mutter und Vater nicht aus, um garantiert einen ED-freien Hund zu bekommen. Viele Generationen von ED-Freiheit sind nötig, um eine möglichst große Chance auf einen ellenbogengesunden Hund zu bekommen.

dest den Verdacht der Ellenbogengelenkdysplasie ausschließen kann.

Bei der ED, wie die Erkrankung auch genannt wird, sind im Rahmen des Knochwachstums Veränderungen aufgetreten, die entweder zum Abbruch von winzigen Knorpel-Knochenstücken geführt oder im Bereich der Elle einen Verschluss einer Wachstumsfuge verhindert haben. Eine operative Wiederherstellung der korrekten Gelenksituation ist meist nicht zu vermeiden. Um diese Erkrankung möglichst erst gar nicht auftreten zu lassen, ist bei besonders schnell- und großwüchsigen Hunden auf eine sehr zurückhaltende Fütterung zu achten. Jedes Zuviel an Nährstoffen im Welpenalter begünstigt in der Regel nur die Geschwindigkeit, mit der ein Hund seine Endgröße erreicht. Eine Beeinflussung der Endhöhe selbst ist damit nicht möglich – allein der Zeitpunkt des Erreichens der Endhöhe ist manipulierbar. Zur Prophylaxe von Wachstumsstörungen sollte man versuchen, Endgröße und Endgewicht nicht vor dem 18. Lebensmonat zu erreichen.

Gerade für Hunde, deren Alltag nicht nur durch gemütliche Spaziergänge geprägt sein soll, ist die Knochen- und Gelenkgesundheit ein ganz wichtiges Kriterium für den späteren Einsatzzweck. Daher gehört es zur Pflicht eines jeden Freizeitsportlers, bei seinem Hund eine Untersuchung auf ED und die später noch zu besprechende HD (siehe S. 130) durchführen zu lassen.

Generell ist eine auftretende ED bei einem

Hund sicher kein Grund zur Panik. Jedoch sollte man sich darüber bewusst sein, dass schnelle Stoppbewegungen und ruckartige Drehungen nicht optimal sind für einen Hund mit belasteten Ellenbogen. Und entsprechend ist kontinuierliches Stock- oder Ballwerfen dann natürlich auch nicht die richtige Beschäftigung für solche Hunde. Gleichmäßige Spaziergänge oder auch gemäßigtes Jogging dagegen stellen für ED-Hunde kein Problem dar.

Osteochondrosen

Nicht nur im Ellenbogengelenk, sondern besonders auch im Knie- oder im Schultergelenk sind im Rahmen des Wachstums (besonders der großwüchsigen Rassen) Störungen in der Knorpelbildung durch ein beschleunigtes Längenwachstum der Knochen gegeben. Lahmheiten zeigen sich auch hier ab dem 5. Lebensmonat.

Schmerzhaftigkeit beim Berühren oder bei der Beugung oder Streckung im jeweiligen Gelenk kann dabei unterschiedlich stark festgestellt werden. In solch einem Fall muss zeitnah im Zusammenhang mit dem Auftreten der Lahmheit über eine Röntgenaufnahme die Freiheit von Knorpel-Knochenschäden in den betroffenen Gelenken festgestellt werden. Jede Verzögerung der Therapie durch mangelnde Diagnosefindung kann den Operationserfolg verschlechtern.

Nur zu gerne versucht man sich als Besitzer eines Junghundes damit zu beruhigen, dass die Lahmheit ja vielleicht nach einem langen

Eine Magnetfeldtherapie ist auch zur unterstützenden Behandlung bei allen Arthrosen hilfreich. Hier am Beispiel einer Ellenbogengelenkerkrankung.

Spaziergang oder nach dem Toben mit anderen Hunden aufgetreten ist. In diesem Zusammenhang sollte man sich jedoch bewusst sein, welchen extremen Belastungen die Knochen und Gelenke gerade unserer Junghunde gewachsen sind. Wie selten haben wir uns denn als Kinder trotz massiver Spielunfälle wirklich einmal über Tage hinweg mit Lahmheiten bewegt? Insofern ist einer tierärztlichen Abklärung der eigentlichen Ursache einer Lahmheit immer der Vorzug vor der »Erst-mal-abwarten«-Theorie zu geben. Als Faustregel gilt: Wenn nach 36 Stunden auch unter Gabe von Arnica und/oder Traumeel keine Verbesserung der Lahmheit erreicht ist, sollte der Tierarzt konsultiert werden.

Gelenkerkrankungen

Bei den Gelenkerkrankungen unterscheiden wir die akuten Entzündungen, die auch als Arthritiden bezeichnet werden, von den chronischen Erkrankungen der Gelenke, die man als Arthrosen bezeichnet. Zudem wird zu den Gelenkerkrankungen die Hüftgelenkdyplasie gezählt, die zwar ihren Ursprung als genetisch verursachte Fehlausbildung des Hüftgelenks hat, jedoch erst mit zunehmendem Alter des Hundes zu Bewegungseinschränkungen führt.

Arthrosen und Arthritiden

Mit zunehmendem Alter seines vierpfötigen Begleiters muss leider jeder Tierbesitzer auch an chronisch entzündliche Prozesse denken, die den Hund in der Bewegung einschränken. Während man bei plötzlich auftretenden Gelenkentzündungen nach Vertreten, Verspringen oder Verdrehen des Gelenks von einer Arthritis spricht, werden die chronischen Gelenkentzündungen als Arthrosen bezeichnet.

Arthritiden

Bei Arthritiden tritt meist ganz plötzlich bei einem Spaziergang oder kurz danach eine mehr oder weniger starke Lahmheit auf. Die Untersuchung der betroffenen Gliedmaße ist für den Hund meist schmerzhaft, und er beginnt das Bein in dem Moment wegzuziehen,

Gerade im hohen Alter muss bei unseren Hunden auch immer wieder an Verschleißerkrankungen der Gelenke gedacht werden.

wo das betroffene Gelenk näher untersucht werden soll.

Hat man die Ursache, die zu dieser Erkrankung führt, gesehen und ist sich dementsprechend sicher, dass es sich um eine Art Sportverletzung handelt, kann man innerhalb der ersten 24 Stunden mit Kälteanwendungen wie in der Humanmedizin üblich und der Verabreichung von Arnica und oder Traumeel zuerst einmal 1 bis 2 Tage abwarten. Absolute Ruhe ist hier sicher zusätzlich angebracht, und man sollte sich davor hüten, immer wieder schauen zu wollen, ob der Hund denn noch lahm ist oder nicht.

Tritt nach 2 Tagen keine oder nur eine minimale Verbesserung ein oder tritt der Hund unmittelbar nach der Entstehungsursache erst gar nicht mehr auf, dann ist in jedem Fall der Tierarzt aufzusuchen.

Arthrosen

Während bei akuten Arthritiden eine plötzlich entstehende Lahmheit wegen einer unglücklichen Bewegung zu sehen ist, haben wir es bei den Arthrosen mit meist langsam fortschreitenden Prozessen zu tun. Was Ihr Hund bei einer Arthrose zeigt, ist von Tier zu Tier und auch von Gelenk zu Gelenk sehr verschieden. Generell ist eine gute Beobachtungsgabe der Bewegung Ihres Hundes ein guter Garant für eine frühzeitige Diagnose.

Arthrosen sind immer ein schmerzhafter Prozess, da die bei einer Arthrose meist zugebildeten Knochenfortsätze an den Nervenenden der Gelenkkapsel reiben. Je nach Wehleidigkeit wird Ihr Hund bereits früh anfangen zu lahmen und Ihnen hiermit deutlich machen, dass er ein entzündliches Problem hat. Häufig ist die Lahmheit bei den Arthrosen jedoch nur direkt nach der Ruhe besonders ausgeprägt, und der Hund »läuft sich ein«, d. h. das Humpeln verliert sich mit ein wenig Bewegung. Manchmal ist der Hund sogar völlig lahmfrei und zeigt nur nach besonders ausgiebigen Spaziergängen eine Bewegungsstörung. Auch die gründliche Untersuchung der betroffenen Gliedmaße bringt wenig Aufschluss.

Auch hier sind es bereits die kleinen Merkmale, die einer genaueren Betrachtung bedürfen. Ist die Beweglichkeit der einzelnen Gelenke noch gegeben? Ist die Beugung und Streckung vollständig möglich? Zeigt der Hund Unwohlsein bei einem Gelenk? All das sollten Sie bei Ihrem Hund in vertrauter Umgebung ohne jede Hektik untersuchen und unbedingt immer beidseitig, um einen Vergleich zu haben zwischen krank und gesund. Denken Sie auch an die Betrachtung der Ballen und Pfoten. Es wäre nicht das erste Mal, dass ein kleiner Schnitt im Ballen den Verdacht auf eine schwerwiegende Gelenkerkrankung ausgelöst hätte.

Eine genauere Diagnose ist bei jeder Gelenkerkrankung nur mit einer Röntgenaufnahme möglich. Meist wird dazu der Hund ein wenig sediert, da die Bewegung eines erkrankten Gelenkes auf dem Tisch liegend nicht unbedingt auf freudige Zustimmung des vierbeinigen Patienten stößt.

Ist die Ursache der Erkrankung gefunden, kann man häufig durch die unterstützende Gabe von Teufelskralle, Zeel, Muschelextrakten oder homöopathisch eigens für den be-

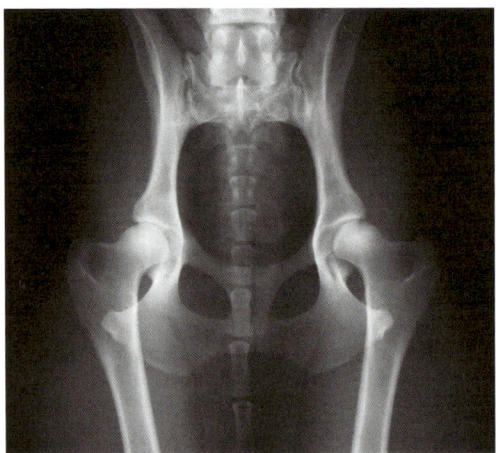

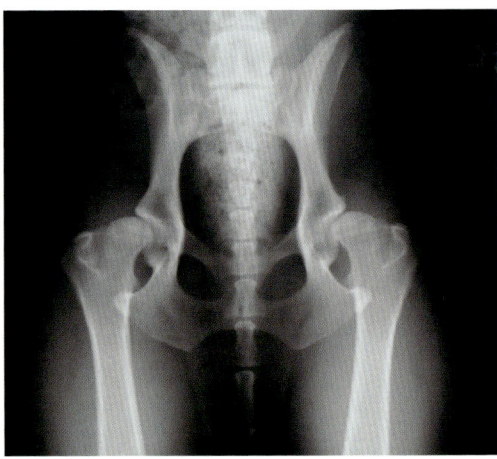

Gesunde Hüfte eines großen Hundes. Die Gelenkpfannen umschließen die Oberschenkelköpfe
sehr gut.

Schwere Hüftgelenkdyplasie bei einem Hund.
Sehr gut sind die beiden deformierten Ober-
schenkelköpfe und die zu gering ausgeprägten
Gelenkpfannen zu erkennen.

troffenen Hund gefundenen Mitteln eine Operation noch vermeiden. Ist der Prozess jedoch
sehr weit fortgeschritten, was bei einer Vor-
derfußwurzelgelenkarthrose auch ohne massive Lahmheit möglich ist, muss in den meisten Fällen durch eine dafür spezialisierte
Klinik das Gelenk wiederhergestellt werden,
um dem Hund ein beschwerdefreies Leben zu
ermöglichen.

Hüftgelenkdysplasie

Man könnte sie fast als Zwischenform von
Wachstumsstörung und Arthrose definieren:
die Hüftgelenkdysplasie, abgekürzt HD, des
Hundes. Um diese Erkrankung zu verstehen,
müssen wir uns zuerst den Aufbau des Hüft-
gelenkes anschauen. Der Oberschenkel sitzt

mit seinem Oberschenkelkopf in einer Beckenpfanne und bildet mit dieser das Hüftgelenk. Da das Hüftgelenk ein sogenanntes Ku-
gelgelenk ist und der Oberschenkel in seinem
Gelenk frei rotieren kann, ist er mit einem
zentralen straffen Band mit dem Becken verbunden und wird durch die Pfanne sehr gut
umfasst. Ist die Beckenpfanne nun zu flach
ausgebildet und damit der Oberschenkelkopf
zu frei in seinem Gelenk, kann es durch die
dadurch bedingte Rotation zu Arthrosebe-
schwerden im Bereich der Pfannenränder
kommen – mitsamt den bei der Arthrose beschriebenen schmerzhaften Prozessen: Auf-
stehbeschwerden, einseitige Lahmheiten,
zum Teil hoppelnder Gang des Hundes im
Galopp und immer wieder ein angehobener
rechter oder linker Hinterfuß sind typische
Erscheinungen der Hüftgelenkserkrankun-

gen. Meist sind beim älteren Hund zusätzlich arthrotische Veränderungen im Hüftgelenk nachweisbar.

Um diesen vererbbaren Prozess der Hüftgelenkdysplasie soweit möglich bei unseren Hunden auszumerzen, sollten nur HD-freie Hunde miteinander verpaart werden.

Das Vorhandensein und der Grad einer Hüftgelenkdysplasie wird beim etwa 12 bis 18 Monate alten Hund mittels einer Röntgenaufnahme und der Begutachtung durch einen unabhängigen Gutachter festgestellt. Leider ist selbst bei vollständig HD-freien Elterntieren das Auftreten einer HD nicht auszuschließen. Um eine möglichst große Wahrscheinlichkeit auf einen HD-freien Hund zu haben, müssen viele Generationen HD-Freiheit nachgewiesen sein. Nun sind jedoch bei einigen Rassen die Voraussetzungen zur ausschließlichen Zucht mit HD-freien Hunden bislang nicht möglich, da Angebot und Nachfrage nach Welpen noch stark differieren.

Eine Hund mit geringer HD ist kein Grund, Trübsal zu blasen, er muss jedoch anders belastet werden als ein Hund, der HD-frei ist. Insbesondere Bewegungen, bei denen der Hund viel springen oder ziehen muss, sind für ein Tier mit HD nicht zu empfehlen. Gleichmäßige Spaziergänge oder leichtes Jogging sowie Schwimmen sind für einen HD-Patienten aber sogar förderlich. Von ruckartigen Drehungen auf der Hinterhand oder von langen Strandspaziergängen mit Hinauf- oder Hinablaufen der Dünen etwa sollte jedoch eher Abstand genommen werden, da die Belastung der Hüfte im tiefen Sand eher stärker und demnach für die Hüfte nicht optimal ist.

Mein besonderer Tipp

Vor allem wenn Sie Ihren Begleiter im Hundesport einsetzen möchten, sollten Sie Ihren Hund unbedingt vor Aufnahme der Belastung röntgen lassen und mit Ihrem Tierarzt über die Einsatzmöglichkeiten sprechen.

Dass dieser Hund derzeit keine Anzeichen einer Hüftgelenkdysplasie hat, ist leicht zu erkennen.

Erkrankungen von Muskeln, Sehnen und Wirbelsäule

Ähnlich wie in der Humanmedizin gibt es auch beim Hund die vielfältigsten Erkrankungsmöglichkeiten der Muskulatur und der Sehnen. Meist sind es während eines Spaziergangs oder beim Spiel plötzlich auftretende Funktionsstörungen, die dieses sichtbar machen. Besonderes Augenmerk ist bei den kleineren Hunderassen, nach sportlicher Betätigung auch bei allen Rassen, auf die Erkrankung der Wirbelsäule zu legen. Hier stellen Bandscheibenvorfälle und Spondylosen die Hauptprobleme der Wirbelsäulenerkrankungen dar.

Muskel- und Sehnenerkrankungen

Jede Form einer Bewegungsstörung unmittelbar oder auch einige Zeit nach einer Belastung deutet immer auf einen schmerzhaften Prozess hin. Ob dieser im Bereich der Gelenke oder im Bereich der Muskeln zu suchen ist, ist manchmal nur durch eine ausführliche Lahmheitsuntersuchung beim Tierarzt festzustellen.

Sehr häufig kommt beim Hund teilweiser **Abriss der tiefen Beugesehne** vor, wobei meist nur eine Zehe betroffen ist. Hier erkennen Sie als Besitzer an dem betroffenen Fuß eine nach oben abstehende Kralle, die jedoch kaum schmerzhaft ist. Unmittelbar beim Auftreten dieser Veränderung wäre durch einen operativen Eingriff und durch eine lange Fixation der Pfote eine Wiederherstellung des Sehnenzusammenhalts operativ noch zu er-

Nur ein gesunder Hund wird auch im hohen Alter noch sportlich aktiv sein können.

reichen. Jedoch muss man sich ernsthaft überlegen, ob der Eingriff angesichts der Tatsache, dass der Hund hierbei kaum Schmerzen hat, tatsächlich notwendig ist, oder ob es sich nicht primär um eine Schönheitsoperation handelt.

Eher problematisch und deutlich schmerzhafter ist da schon die **Entzündung der Bizepssehne** mit dem darunterliegenden Schleimbeutel. Die Bizepssehne beginnt am Vorderbein im Bereich der Schulter und ist sozusagen der Anfang des Bizepsmuskels, der das Vorderbein im Ellenbogenbereich beugt und somit nach vorne führt. Eine Schmerzhaftigkeit im Bereich dieser Sehne erkennen Sie bei Ihrem Hund in einer Lahmheit, bei der der Vierbeiner nicht in der Lage ist, sein Vorderbein weit genug zu strecken. Die Bewegung ist demnach sehr eingeschränkt. Da der Bereich kaum ruhigzustellen ist und auch Medikamente schlecht in diesen Bereich gelangen, ist die Therapie immer sehr langwierig und häufig nur durch die Kombination von Wärme, Akupunktur und Physiotherapie erfolgreich.

Wirbelsäulenerkrankungen

Neben den Gelenkerkrankungen kommen bei unseren Hunden auch recht häufig Erkrankungen der Wirbelsäule vor. Vor allem Übergewicht und schnelle Drehungen des Körpers sind hierbei genauso ungünstig wie extremes Springen von Mauern oder auch nur vom Sofa. Jeder Sprung vom Sofa herab etwa staucht beim Aufkommen die Wirbelsäule und ist mit ein Grund dafür, dass gerade bei kleinen Hunden der später noch näher zu besprechende Bandscheibenvorfall begünstigt wird.

Cauda equina und Spondylosen

Die Wirbelsäule unserer Hunde lässt sich ähnlich wie bei uns Menschen unterteilen in die Halswirbelsäule mit 7 Wirbeln, die Brustwirbelsäule mit 13 Wirbeln, die Lendenwirbelsäule mit 7 Wirbeln, das aus 3 zusammenge-

wachsenen Wirbeln bestehende Kreuzbein und die unterschiedlich vielen Schwanzwirbel.

Mit Ausnahme der Kreuzbeinwirbel, die zum Kreuzbein zusammengewachsen sind, sitzt zwischen allen Wirbeln eine Bandscheibe, und die einzelnen Wirbel sind mit kleinen Gelenken verbunden. Der Zusammenhalt der Wirbelsäule selbst wird durch die langen und kurzen Rückenmuskeln und Bänder gewährleistet. Zwischen den einzelnen Wirbeln treten die Nerven des Rückenmarks aus, die für die Versorgung des gesamten Körpers und somit auch der Gliedmaßen zuständig sind. So lässt sich ziemlich zweifelsfrei je nach Beschwerden des Hundes auch auf den Ort der Wirbelsäulenbeschwerden schließen.

Ruckartige Drehungen eines untrainierten oder noch »kalten« Hundes können zu (in diesem Moment meist unbemerkten) feinen Rissen des Gewebes (Läsionen) führen, die

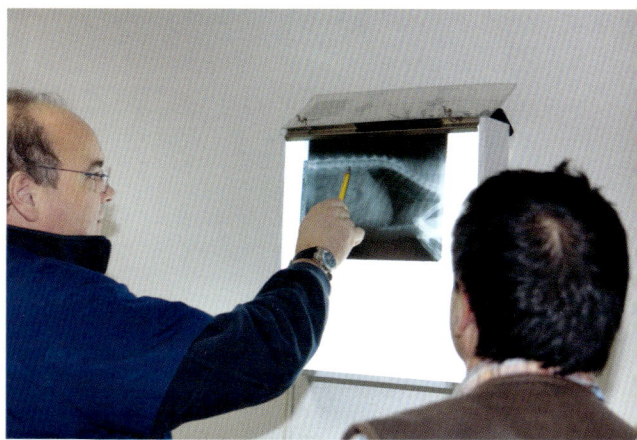

Bei einer Wirbelsäulenerkrankung muss durch eine Röntgenuntersuchung abgeklärt werden, inwieweit der Nervenstrang eingeengt ist.

jedoch bei immer wieder neu auftretenden Läsionen auch zu Folgeerscheinungen führen. Knöcherne Zubildungen zwischen den Wirbelkörpern und somit an den Nervenaustrittsöffnungen sind häufig eine Spätfolge derartiger Veränderungen.

Diese Zubildungen, die je nach Lage unterschiedliche Symptome zeigen können, werden als **Spondylosen** bezeichnet. Spondylosen kommen jedoch bei einigen Rassen auch ohne eine dafür notwendige sportliche Belastung vor und zählen daher zu den veranlagungsbedingten Erkrankungen einiger Rassen.

Schwungloses Laufen des Hundes, nicht mehr ins Auto springen wollen, steifer Rücken, teilweise Inkontinenz oder auch nur deutlich verminderte Leistungsbereitschaft sind die typischen Symptome, die je nach Ausprägung und Lokalisation der Rückenprobleme bei Ihrem Hund zu beobachten sind. Die genaue Diagnose kann letztendlich nur der Tierarzt durch eine Röntgenuntersuchung stellen.

Bei Wirbelsäulenproblemen kann man erstaunliche Erfolge auch zu Hause durch eine Magnetfeldtherapie erreichen.

Einen Hinweis auf die Lokalisation erhält man zudem durch eine neurologische Untersuchung, bei der der Tierarzt die Nervenreaktion der einzelnen Wirbelsäulensegmente überprüft und sich so ein Bild über das Ausmaß der Läsion und den Ort der Entstehung machen kann.

Therapeutisch können Sie als Hundebesitzer Ihren Hund durch Akupressur, Massage und Wärme meistens sehr gut unterstützen. Auch ist die Gabe von pflanzlichen Präparaten nach Beratung durch einen ganzheitlichen Tierarzt sehr gut möglich. Ob und wann zusätzlich eine Operation durchgeführt werden muss, kann nur im Einzelfall durch den Tierarzt beurteilt werden.

Ein Spezialfall im Hinblick auf knöcherne Veränderungen an der Wirbelsäule mit Einengung des Rückenmarks und dementsprechenden Ausfallserscheinungen stellt die sogenannte **Cauda-equina-Erkrankung** des Hundes dar. Hier ist der Prozess im Bereich des Übergangs von der Lendenwirbelsäule zum Kreuzbein zu suchen. Die dort austretenden Nerven sind zuständig für den Schluss des Afters und der Blase sowie für die Rutenbewegung, und sie innervieren zum Teil auch die Hintergliedmaßen. Bei Problemen in diesem Bereich kommt es dementsprechend zu den sogenannten After-Blasen-Ruten-Lähmungen. Zu erkennen ist dies anfangs an der hängenden Rute, später auch an Inkontinenzproblemen von Kot und Harn. Häufig treten auch taumelnder Gang und Aufstehprobleme des Hundes aus der liegenden Position auf. Die Diagnose lässt sich erst durch eine Röntgenuntersuchung beim Tierarzt genau bestätigen. Häufig ist eine Kontraströntgenuntersuchung des Rückenmarks aufschlussreich, in der die Ausprägung der Einquetschung des Rückenmarks deutlich wird. Therapeutisch ist leider in einigen Fällen eine Operation notwendig. Sehr gute Hilfe leisten jedoch auch die Akupunktur und die Neuraltherapie, bei der homöopathische Medikamente gepaart mit einem Lokalbetäubungsmittel direkt an die austretenden Nervenendigungen gespritzt werden. Sie können Ihrem Hund zusätzlich durch Bewegungstherapie und durch Wärmeanwendungen in diesem Bereich Linderung verschaffen. Die Gabe des homöopathischen Mittels Zeel ist darüber hinaus ebenfalls eine gute zusätzliche Unterstützung für diese Erkrankungsform.

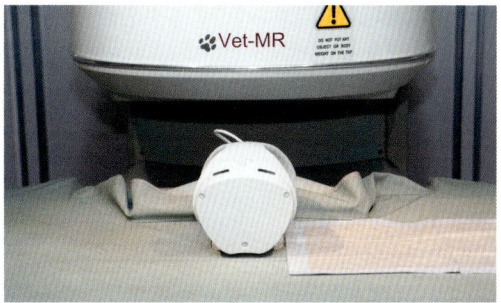

Vor allem zur Abklärung von Knochen- und Gelenkproblemen wird heutzutage in der Tiermedizin eine Magnetresonanztomographieuntersuchung durchgeführt.

Bandscheibenvorfall (Dackellähme)

Gerade bei kleinen Hunderassen fürchten sich viele Hundebesitzer vor einem Bandscheibenvorfall. Ganz plötzlich rutschen Ihrem Hund die Hinterbeine weg, und es ist für ihn beinahe unmöglich stehenzubleiben. Das Aufheben des Hundes führt zu Schmerzäußerungen, und der gesamte Rücken ist hoch verspannt und berührungsempfindlich. Je nach Ausprägung ist der Hund inkontinent. Der Kotabsatz ist meist ebenfalls gestört. Bei einem Bandscheibenvorfall werden durch die ins Rückenmark drückende Bandscheibe die dort verlaufenden Nerven gequetscht und somit in ihrer Funktion beeinträchtigt. Da das Nervengewebe einem dauerhaften Druck nur

über einen kurzen Zeitraum standhalten kann, sterben die Nerven sehr schnell ab und sind dann unwiderruflich für immer funktionslos. Bleibende Lähmungen sind die Folge. Da der Bandscheibenvorfall in früheren Jahren vor allem eine typische Erkrankung unserer Dackel war, wird die Erkrankung häufig als Dackellähme bezeichnet.
Insofern ist unmittelbar beim Auftreten der typischen Probleme ein Tierarzt aufzusuchen,

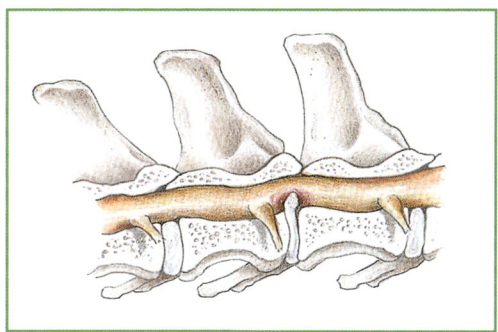

Durch einen Bandscheibenvorfall (rechts der Bildmitte) wird das Rückenmark eingeengt und somit in seiner Funktion gestört.

der anhand einer Röntgenaufnahme die Diagnose stellt und die betroffene Bandscheibe lokalisiert. Eine aufwendige Therapie, teilweise sogar eine Bandscheibenoperation, schließen sich an. Unterstützend, bei nicht vollständig ausgeprägtem Bandscheibenvorfall auch als Alleintherapie, bietet sich auch hier die Neuraltherapie mit einem Medikamentencocktail aus Homöopathika und einem Lokalanästhetikum direkt an die erkrankte Bandscheibe an. Zusätzlich bringt eine Behandlung durch die Akupunktur dann innerhalb einer sehr kurzen Therapiezeit wieder die vollständige Funktionsfähigkeit der gestörten Strukturen. Sie können Ihrem Hund dann zusätzlich durch Wärmeanwendungen und Akupressur zu Hause noch die notwendige Hilfe anbieten, um die anfänglich recht schmerzhafte Zeit zu überbrücken.

Vorbeugend ist es besonders bei kleinen Hunden sehr wichtig, unnötige Sprünge auf das Sofa oder den Sessel und von dort herab zu vermeiden. Auch ist es sicherlich nicht unbedingt förderlich, wenn der Zugang zur Wohnung nur über Treppen zu erreichen ist. Zum Glück kann man kleinere Rassen ja leicht hinauf- und heruntertragen.

Ungünstig, und zwar nicht nur für die Wirbelsäule, sondern für alle Gelenke und Knochen, ist natürlich auch in diesem Zusammenhang Übergewicht. Jedes Gramm zu viel bildet eine Belastung für alle tragenden Strukturen, zusätzlich zu den Belastungen der Organe und Stoffwechselfunktionen.

Damit auch Sie mit Ihrem Hund ein aktives Leben führen können, ist vor der sportlichen Aktivität eine Tauglichkeitsuntersuchung bei Ihrem Tierarzt angeraten.

Nützliche Adressen

Bundestierärztekammer e. V.
Französische Straße 53–55
10117 Berlin
eMail: geschaeftsstelle@btkberlin.de
www.bundestieraerztekammer.de

Gesellschaft für Ganzheitliche Tiermedizin e. V. (GGTM)
Geschäftsstelle
Mooswaldstraße 7
79227 Schallstadt
Tel.: 0 76 64 / 40 36 38 10
Fax: 0 76 64 / 40 36 38 88
eMail: info@ggtm.de

Landestierärztekammer Baden-Württemberg
Am Kräherwald 219
70193 Stuttgart
Tel.: 07 11 / 7 22 86 32-0
eMail: nfo@ltk-bw.de

Bayerische Landestierärztekammer
Bavariaring 7a
80336 München
Tel.: 0 89 / 21 99 08-0
eMail: kontakt@bltk.de

Tierärztekammer Berlin
Sickingenstr. 1
10553 Berlin
Tel.: 0 30 / 3 12 18 75
eMail: tieraerztekammer-berlin@gmx.de

Landestierärztekammer Brandenburg
Postfach 1370
15203 Frankfurt (Oder) – Markendorf
Tel.: 03 35 / 5 21 77 50
eMail: ltk-bbg@t-online.de

Tierärztekammer Bremen
Findorffstr. 101
28215 Bremen
Tel.: 04 21 / 3 61 40 37
eMail: Elisabeth.Oltmann@veterinaer.bremen.de

Tierärztekammer Hamburg
Lagerstr. 36
20537 Hamburg
Tel.: 0 40 / 4 39 16 23
eMail: TK-HH@t-online.de

Landestierärztekammer Hessen
Bahnhofstr. 13
65527 Niedernhausen
Tel.: 0 61 27 / 90 75-0
eMail: ltk-hessen@t-online.de

Landestierärztekammer Mecklenburg-Vorpommern
Griebnitzer Weg 2
18196 Dummerstorf
Tel.: 03 82 08 / 60 5 41
eMail: LTK.MV@t-online.de

Tierärztekammer Niedersachsen
Fichtestr. 13
30625 Hannover
Tel.: 05 11 / 55 50 91
eMail: mail@tknds.de

Tierärztekammer Nordrhein
St. Töniser Str. 15
47906 Kempen
Tel.: 0 21 52 / 20 55 80
eMail: info@tieraerztekammer-nordrhein.de

Tierärztekammer Westfalen – Lippe
Goebenstr. 50
48151 Münster
Tel.: 02 51 7 5 35 94-0
eMail: info@tieraerztekammer-wl.de

Landestierärztekammer Rheinland-Pfalz
Am Äckerchen 41
66869 Blaubach
Tel.: 0 63 81 / 42 91 95
eMail: ltk.rheinland.pfalz@t-online.de

Tierärztekammer Saarland
Henri-Dunant-Weg 7
66564 Ottweiler
Tel.: 0 68 24 / 70 01 18
Fax: 0 68 24 / 66 40
eMail: tieraerztekammer@t-online.de

Landestierärztekammer Sachsen
Schützenhöhe 16
01099 Dresden
Tel.: 03 51 / 82 67-200
Fax: 03 51 / 82 67-202
eMail: taeksachs@t-online.de

Tierärztekammer Sachsen-Anhalt
Freiimfelder Str. 4
06112 Halle (Saale)
Tel.: 03 45 / 5 60 05 54
Fax: 03 45 / 5 75 58 17
eMail: poststelle@taek-lsa.de

Tierärztekammer Schleswig-Holstein
Hamburger Str. 99a
25746 Heide (Holstein)
Tel.: 04 81 / 55 42
Fax: 04 81 / 8 83 35
eMail: Schleswig-Holstein@tieraerztekammer.de

Landestierärztekammer Thüringen
Buchholzgasse 1
99425 Weimar
Tel.: 0 36 43 / 90 46 53
Fax: 0 36 43 / 90 46 56
eMail: ltk_thuer@t-online.de

TASSO
Haustierzentralregister
Frankfurter Straße 20
65795 Hattersheim
Tel.: 0 61 90 / 93 73 00
eMail: tasso@tiernotruf.org

Giftnotzentralen in Deutschland:
Informationszentrale gegen Vergiftungen
53113 Bonn
Tel.: 02 28 / 192 40

Landesberatungsstelle für Vergiftungs-erscheinungen
14050 Berlin
Tel.: 0 30 / 192 40

Beratungsstelle bei Vergiftungen
55131 Mainz
Tel.: 0 61 31 / 1 92 40

Giftinformationszentrum
37075 Göttingen
Tel.: 05 51 / 192 40

Klinik für Kinder und Jugendmedizin
66421 Homburg/Saar
Tel.: 0 68 41 / 1 62 83 00

Informationszentrale für Vergiftungen
79106 Freiburg
Tel.: 07 61 / 192 40

Giftnotruf Nürnberg
90419 Nürnberg
Tel.: 09 11 / 3 98-24 51

**Tierrettung München
(24 Std. erreichbar bei Notfällen)**
Tel.: 0 18 05 / 84 37 73

Gemeinsames Giftinformationszentrum der Länder Mecklenburg-Vorpommern, Sachsen, Sachsen Anhalt und Thüringen
99098 Erfurt
Tel.: 03 61 / 7 30-7 30

Tierschutz:
Deutscher Tierschutzbund e. V.
Baumschulallee 15
53115 Bonn
Tel.: 02 28 / 6 04 96-0
eMail: bg@tierschutzbund.de

Stichwortverzeichnis

Zum Autor

Dr. Jochen Becker ist Tierarzt (www.becker-vet.de) und seit seiner Promotion im Jahr 1994 in eigener Praxis mit Sitz in Tespe/Niedersachsen niedergelassen. Nach seinem Studium in Belgien und Deutschland war er zuvor in verschiedenen Kliniken für Pferde und Kleintiere tätig. Er besitzt die Zusatzbezeichnung Zahnheilkunde bei Tieren, arbeitet in seiner Praxis in ganzheitlicher Arbeitsweise und bezieht dabei auch naturheilkundliche Methoden wie die Akupunktur, Homöopathie und Bioresonanz in sein Spektrum mit ein. Neben der Arbeit als Tierarzt ist er zudem im Zweitberuf auch als Journalist und Tierfotograf (www.jbtierfoto.de) für verschiedene Verlage sehr gefragt. Er hält Seminare für Hundehalter sowie zum Thema Hunde- und Pferdefotografie.

Impressum

**Bibliografische Information
der Deutschen Nationalbibliothek**

Die Deutsche Nationalbibliothek verzeichnet diese Publikation in der Deutschen Nationalbibliografie; detaillierte bibliografische Daten sind im Internet über http://dnb.d-nb.de abrufbar.

BLV Buchverlag GmbH & Co. KG
80797 München

© 2010 BLV Buchverlag GmbH & Co. KG, München

Bildnachweis:
Alle Fotos von Jochen Becker, außer:
Arco/NPL, J. Burton 93, 110
Juniors Bildarchiv 2/3, 35, 102, 105, 119l, 119r
Reinhard 122

Umschlagfotos:
Vorderseite: gettyimages/Vikki Hart
Rückseite: Jochen Becker

Lektorat: Dr. Friedrich Kögel,
Dr. Eva Dempewolf
Herstellung: Ruth Bost
Satz: Uhl + Massopust, Aalen

Gedruckt auf chlorfrei gebleichtem Papier

Printed in Germany
ISBN 978-3-8354-0603-2

Auf die sanfte Art

Hilke Marx-Holena
Der Praxis-Ratgeber Homöopathie für Hunde
Mit besonders übersichtlichem Konzept: die Diagnose von Beschwerden
und der erfolgreiche Einsatz homöopathischer Mittel; präzise, differenzierte
Dosierungsangaben zu den Arzneimitteln, die mehr Sicherheit bei der
Behandlung des Hundes geben.
ISBN 978-3-8354-0677-3

Bücher fürs Leben.